武器装备科技系列

电子装备测试性综合验证评价方法研究

尹园威　刘利民　马俊涛
韩壮志　侯建强　王　超　著

哈尔滨工程大学出版社
Harbin Engineering University Press

内容简介

本书在科研项目支持下,主要从测试性建模、仿真数据与实物数据的融合、测试性增长过程三个方面开展了测试性综合验证评价方法的研究,并将理论研究成果应用到某型雷达装备的测试性综合验证评价中。本书是著者近年来在此领域研究工作的总结,有助于提高电子装备测试性综合验证评价结果的真实性,促进相关技术的发展。

本书可供从事电子装备测试性综合验证评价相关领域的科研工作者和相关专业的研究生参考阅读。

图书在版编目(CIP)数据

电子装备测试性综合验证评价方法研究 / 尹园威等著. -- 哈尔滨 : 哈尔滨工程大学出版社, 2024. 12.
ISBN 978-7-5661-4512-3

Ⅰ. TN97-33

中国国家版本馆 CIP 数据核字第 2024UN0870 号

电子装备测试性综合验证评价方法研究
DIANZI ZHUANGBEI CESHIXING ZONGHE YANZHENG PINGJIA FANGFA YANJIU

选题策划 田 婧
责任编辑 张 昕
封面设计 李海波

出版发行 哈尔滨工程大学出版社
社 址 哈尔滨市南岗区南通大街 145 号
邮政编码 150001
发行电话 0451-82519328
传 真 0451-82519699
经 销 新华书店
印 刷 哈尔滨午阳印刷有限公司
开 本 787 mm×1 092 mm 1/16
印 张 9.5
字 数 202 千字
版 次 2024 年 12 月第 1 版
印 次 2024 年 12 月第 1 次印刷
书 号 ISBN 978-7-5661-4512-3
定 价 42.80 元

http://www.hrbeupress.com
E-mail:heupress@hrbeu.edu.cn

前　言

测试性是装备的通用质量特性之一,是装备研制与采办必须考虑的一项重要指标。为提高测试性验证评价结果的真实性,研究合理有效的测试性综合验证评价方法是目前亟须解决的问题。

本书在科研项目的支持下,主要从测试性建模、仿真数据与实物数据的融合、测试性增长过程三个方面开展了测试性综合验证评价方法的研究,并将理论研究成果应用到某型雷达装备的测试性综合验证评价中。

全书共分为6章。第1章综述了测试性领域中测试性建模、故障注入、验证评价方法等相关技术的研究现状,指出了现有测试性工作中存在的问题及需要改进的方向,并以《装备测试性工作通用要求》(GJB 2547A—2012)与系统工程思想为指导,建立测试性三维信息图。第2章在测试性信息较少时,以装备对象维为切入点,依据设计资料研究了一种基于装备属性模型的测试性定量评价方法,可尽早实现设备测试性评价工作;分析有向图建模技术,以多信号流图建模思想为基础,在考虑实际维修级别的约束下,研究了一种层次多信号流图模型的测试性评价方法;对测试不确定性的情况进行研究,采用蒙特卡洛方法获取条件概率的不确定相关性矩阵,实现测试性定量评价。第3章在实物试验数据量较少的情况下,研究仿真建模的测试性综合验证评价方法,使用仿真故障注入技术获取仿真试验数据,并以数据信息维为切入点,采用贝叶斯方法融合仿真与实物试验数据进行测试性综合验证评价,用于提高结果的真实性。同时,针对仿真数据量过大可能"淹没"实物试验数据的问题,对仿真试验数据的可信度进行分析,研究了考虑仿真数据可信度的贝叶斯融合方法。第4章在测试性增长过程中,测试性参数具有"多阶段、异总体"的特点。以寿命周期维为切入点,对多阶段试验、基于增长数学模型、基于改进狄氏分布等几种情况下的测试性综合验证评价方法进行研究。在采用改进狄氏分布拟合测试性增长过程时,使用Gibbs抽样的MCMC方法对高维后验积分进行求解,得到验证评价结果。第5章基于理论研究开发了"半实物仿真的测试性综合验证评价系统",介绍了该系统中的关键技术与实现方法,并以某型雷达装备为对象进行工程实现。第6章对本书的创新点和研究成果进行了总结,并对测试性验证评价研究工作进行了展望。

本书是著者近年来在此领域研究工作的总结,有助于提高电子装备测试性综合验证评价结果的真实性,促进相关技术的发展。本书可供从事电子装备测试性综合验证评价相关领域的科研工作者和相关专业的研究生参考阅读。

电子装备测试性综合验证评价方法及技术还在不断完善发展中,限于著者水平,书中难免存在不足之处,敬请读者批评指正。

著　者

2024 年 9 月

目　　录

第1章
绪　论

1.1　研究目的与意义

测试性在《装备测试性工作通用要求》(GJB 2547A—2012)中的定义为“产品能及时、准确地确定其状态(可工作、不可工作或性能下降程度),并隔离其内部故障的一种设计特性”。测试性作为装备的通用质量特性之一,在大型复杂装备的全寿命周期过程中起着重要作用。

随着电子技术与机械制造产业的发展,武器装备的功能越来越多、性能越来越高,其结构变得日益复杂,因此监测其技术状态、检测与隔离故障越来越困难。重要的系统和设备的故障检测与隔离时间往往占据排除故障总时间的35%~60%,而且许多武器装备即使不工作、不维修,也需要进行定期测试。据美空军统计,1984年至1985年,希尔空军基地的F-16A/B飞机由于测试问题,其可用性下降20%。因此,测试的准确性与时效性成为影响装备战备完好性、任务成功性的重要因素。

美海军声称,对F/A-18、F-14、A-6E与S-3A这四种海军主要飞机的两百多项关键部件进行了测试性设计改进,使它们的维修和使用费用减少了近30%,并强调如果在飞机研制初期就充分开展测试性设计,那么能够降低飞机全寿命费用的10%~20%。美军的F-22战机上应用了测试性技术后,在20年的寿命周期内的维修、保障费用要比F-15低30%,一个F-22战机中队(24架)在20年内的维修、保障费用要比F-15中队(20余架)减少5亿美元。SPS-48E雷达采用了测试性设计技术后,其系统安装检验和试验时间均缩短了50%,每套系统大约节约10万美元。

测试性指标是重点型号装备采办管理中必须考虑的指标之一,越来越受到研究设计、试验、使用和后勤保障部门的重视。许多新型装备虽然在研制总要求中规定了测试性的故障检测率(FD)、隔离率(FIR)、虚警率(FAR)等指标,在研制中也进行了测试性的设计,但从列装部队后的使用情况来看,真实的测试性水平并没有达到指标要求。部分型号装备在所有自检信息都正常的情况下，却无法使用，并且在训练、演习、执行作战任务前检查都正常的情况下，在战场上却无法工作，严重影响了装备的战备完好性与可用性；另外，由于装备的复杂性，即使机内测试（BIT）检测到故障，一些故障也无法隔离到可更换单元，而依靠辅助测试设备进行深入隔离时需要大量的时间，严重影响装备的使用。

GJB 2547A—2012 条目 4.7“测试性试验与评价”明确规定：应利用产品的各种试验数据、模型、有关资料等进行测试性核查，持续改进产品测试性。通过测试性验证试验确定产品是否符合规定的测试性要求，对于未能进行验证试验的产品可以使用综合分析评价方法。

测试性工作也要考虑当前维修体制改革的目标与需求。在以“通装统保，同装互保”“两级维修体制”“基于状态的维修（condition based maintenance，CBM）”“备件储供”等关键词为目标要求的维修体制改革条件下，装备的实际组织、使用方式发生改变，这也必将促使测试性设计理论、方法发生改变。通用装备的测试性设计存在相同点，使用装备测试性技术实现监测装备的“健康”状态的功能，在基层级主要采用换件维修的方式，尤其是在两级维修体制下，装备的测试性设计必须考虑测试维修资源的变化，这些都对原来的测试性理论、方法提出了新的挑战。

综上所述，必须开展切实有效的测试性试验与评价工作，对测试性指标进行真实考核、严格把关，掌握装备真实的测试性水平。本书针对装备测试性试验分析与综合验证评价在工程实际和理论研究中的迫切需求，建立测试性三维信息模型，在此基础上研究基于测试性模型的定量评价方法、多种数据融合的测试性综合验证评价方法与基于测试性增长过程的综合验证评价方法，能够充分考虑实际情况并综合使用多源测试性信息，为有效评价装备的测试性水平提供切实可行的技术手段与理论方法。这对探索新的测试性试验验证评价方法及进行试验数据的科学统计分析等具有重要的作用和意义。

1.2 相关技术研究现状

1.2.1 测试性的发展历程

“测试性”术语最早出现在 1975 年 F. Liour 等编著的《设备自动可测性设计》中，之后被广泛应用于电子电路的设计以及故障诊断等领域。20 世纪 80 年代，测试性受到了美国军方和学术界的高度重视，经过 30 多年的发展，其在理论研究、技术应用、相关标准及技术资料等方面取得了较大的发展,并在高新装备中得到广泛应用。

美国在20世纪70年代发现,复杂装备在长期的外场使用中出现了许多测试性问题,如:故障诊断时间长、BIT虚警率高等,这不仅影响了装备的可用性,而且还增加了装备的维修、保障费用。美军在意识到测试性设计在装备维修、保障中发挥的重要作用后,便开始致力于研究测试性技术,并将其应用于装备的设计、研制、使用过程中。随后,出现了许多军用标准、研究报告、用户手册等指导资料。

1976年,美国海军器材部(Naval Material Command)对不同类型的电子电路和系统进行了可测性设计的研究,发布了《BIT设计指南》(NAVMATINST 3960.9);1978年,发布了《被测装置与ATE的兼容性要求》(MIL-STD-2076)和《TPS一般要求》(MIL-STD-2077)等。但是该部门却没有发布测试性管理工作方面的标准,只是在《维修性大纲要求》(MIL-STD-470)和《系统或设备可靠性大纲要求》(MIL-STD-785)中,部分提到了测试性管理工作的内容。

1978年,美国海军海面武器中心(Naval Surface Weapons Center,NSWC)发布了《测试性指南报告》,指出了当时测试性存在的问题,定义了一部分测试性术语。在1985年美国国防部颁布的军用标准《电子系统及设备的测试性大纲》(MIL-STD-2165)中,将测试性作为与可靠性、维修性一样的设计要求,并规定了电子系统与设备在研制过程中应实施的测试性分析、设计及验证要求和方法,标志着测试性成为一门与可靠性、维修性并列的独立学科。

美国国防部于1991年颁布了标准《综合诊断》(MIL-STD-1814),对测试性有关内容做了进一步规范,并将综合诊断技术应用于先进的轰炸机B-2、战斗机F-22、三军倾转旋翼机V-22及运输机C-17上。为全面贯彻测试性相关工作,与综合诊断技术相协调,美国在MIL-STD-2165的基础上,于1993颁布了《系统及设备的测试性大纲》(MIL-STD-2165A),将测试性纳入各种装备的设计规范;于1995年又将MIL-STD-2165A改编为《系统与设备测试性手册》(MIL-HDBK-2165)。

国内对测试性的研究开始较晚,但经过国内学者的努力,也取得了许多显著成果。1990年4月发布了航空工业标准《电子系统和设备的可测试性大纲》(HB 6437—90),1995年10月发布了国军标《装备测试性大纲》(GJB 2547—95),1998年7月发布了国军标《测试与诊断术语》(GJB 3385—98),2000年4月发布了国军标《军用地面雷达测试性要求》(GJB 3970—2000),2002年1月发布了国军标《侦察雷达测试性通用要求》(GJB 4260—2001)。

国防科学技术工业委员会在调研后组织力量对GJB 2547—95进行修改,经中国人民解放军总装备部(现中央军委装备发展部)批准,于2012年7月24日发布了GJB 2547A—2012,替代GJB 2547—95。其中增加了"测试性工作的基本原则""订购方与承制方的职责""测试性试验与评价"和"使用期间的测试性工作"等内容;增加了"测试性及其工作项目要求的确定”，将其作为工作项目100系列；尤其是增加了“测试性增长管理”（工作项目206）的内容。该军用标准的发布，标志着测试性工作进入了一个新的阶段。

一些军队院校、地方院所、航天科工集团等也在测试性领域开展了深入的研究，取得了一批成果。如国防科学技术大学装备综合保障技术重点实验室的温熙森、邱静、刘冠军、徐永成、胡茑庆、胡政等，在装备测试性领域出版了许多相关著作，并开发了具有自主知识产权的测试性建模与分析软件（TADES），在导弹、雷达和鱼雷的测试性分析与BIT设计中进行了应用，取得了显著效果；同时也在虚拟验证、面向装备健康管理的测试性设计等方面开展了研究。北京航空航天大学的田仲、康锐、石君友等，较早地开展了测试性的研究工作，并将研究成果应用于飞机设计，出版了经典著作《系统测试性分析与验证》，形成了许多研究报告与学术论文等成果，开发了测试性工程辅助软件——可维ARMS 2.5。

空军工程大学的景博、黄以锋等在航空装备的测试性验证评估与故障预测方面进行了研究。海军工程大学的吕建伟、黎放、刘刚等在舰船装备上开展了测试性建模设计与优化方面的研究。海军航空工程学院（后并入海军航空大学）的许爱强、王成刚、邓露等在海军装备上开展了测试性方面的研究工作。装甲兵工程学院（现陆军装甲兵学院）的曹勇、邵思杰等在装甲装备的测试性方面开展了仿真建模与并行设计方面的研究。第二炮兵工程大学（现火箭军工程大学）的胡昌华、王宏力在测试性的验证评估与建模分析方面开展了研究；军械工程学院的马彦恒、黄考利、连光耀等在测试性方面开展了研究，并在雷达、导弹等陆军装备中进行应用，取得了显著成果。中国电子科技集团公司第三十八研究所在某型雷达上开展了测试性设计工作，采用并行设计、分层设计、一体化设计与可靠性分析为基础的原则，结合BIT与自动测试装备（ATE）设计，大大提高了该装备的测试性水平。

同时，一些测试性实验室的建立以及对型号装备测试性研制试验的重视，标志着我国在测试性领域方面取得了巨大进步。据有关资料报道，主要有以下重要事件：

（1）2013年3月8日，中国航空工业集团有限公司第一飞机设计研究院测试性实验室通过空军装备部和集团公司测试性能力检测认证，成为航空工业主机单位中唯一具有装备测试性试验能力的实验室。

（2）2013年6月28日，我国航天系统第一家测试性实验室，航天科工集团测控中心测试性实验室正式成立，可作为第三方试验机构进行测试性的试验评价。

（3）2013年7月11日，空军装备部和中国航空工业集团有限公司经过评审，批准了航空工业综合技术研究所制定的某电动机构的测试性研制试验大纲。

（4）2014年6月11日，工业和信息化部电子第五研究所的可靠性与环境工程研究中心通过测试性实验室检查，能够满足重点型号产品测试性试验工作的需求。

随着新技术的发展，特别是软件技术的大量采用，测试性设计在改善测试性能与降低全寿命周期费用方面的优势越来越明显。在自主保障、综合诊断、状态监控与健康评估、故障预测与健康管理等新技术理念的驱动下，测试性设计的发展将会呈现勃勃生机。

1.2.2 测试性建模技术研究现状

测试性模型是进行测试性设计分析、预计的基础和关键，在测试性技术发展中起着重要的作用。一个好的测试性模型能够在研制阶段比较真实地预计评价装备测试性水平，对发现测试性设计缺陷、改进优化测试性设计、提高装备测试性水平有着极大的促进作用。

在GJB 2547A—2012中新增了“建立测试性模型”工作项目，并列举了测试性图示模型、数学模型与多信号流图模型（multi-signal flow graph，MSFG），为开展基于相关性模型的测试性设计分析提供了支持。测试性模型主要是指相关性模型（dependency model，DM），相关性模型是测试性设计分析的重要基础。在进行测试性建模时，由于只关心故障和测试，对于其中具体的结构功能、故障发生机理、具体的测试方法和手段等考虑较少，因此这一模型被称为故障-测试相关性模型。目前，相关性模型主要有逻辑模型（logic model，LOGMOD）、信息流模型（information flow model，IFM）、多信号流图模型和混合诊断模型（hybrid diagnostic model，HDM），它们都属于有向图理论的范畴。相关性模型的建模方法成为测试性设计分析建模的主要方法，得到美国军方和工业界的高度认可，被广泛应用于大型复杂装备中。

20世纪80年代至今，出现了许多测试性模型。美国DETEX Systems公司（后更名为DSI公司）的创始人De Paul首先利用有向图理论进行逻辑建模的方法来研究测试性与诊断建模，并将此理论应用到武器装备的测试性设计与诊断开发中，这就是逻辑模型。DSI公司也推出了辅助设计软件LOGMOD，对小规模电子系统的测试性、诊断性进行仿真、设计和分析。该测试性辅助设计软件的诞生和使用标志着基于模型的测试性设计分析思想的开始。后来，DSI公司在此基础上又陆续开发了一系列软件工具，如：与美国海军海下作战中心（Naval Undersea Warfare Center，NUWC）合作研发了武器系统测试性分析工具（weapon system testability analyzer，WSTA），后来又研发出较为通用的软件，系统测试性分析工具（system testability analysis tool，STAT）等。

2004年，DSI公司对相关性模型进行了改进，将传统的功能相关性模型与故障相关性模型相结合，并综合系统拓扑模型，提出了混合诊断模型的概念，在该理论的基础上开发出了eXpress测试性分析与辅助诊断软件系统，该系统也在美军装备的测试性设计与诊断工作中得到了广泛应用。

美国航空无线电公司（Aeronautical Radio Incorporated，ARINC）经过研究提出了信息流模型。信息流模型比逻辑模型更加完善，采用有向图的形式描述系统的故障模式与测试项目之间的相关性。在美国军方的支持下，在信息流模型理论的指导下，该公司开发出相关的计算机辅助软件工具(system testability and maintenance program,STAMP),并用于美军装备的测试性设计分析。后来该软件被集成到 POINTER(便携交互式诊断工具)中,在美军部分装备的测试性与维修性分析中获得成功应用。

当系统的结构、功能、信号关系变得复杂时,故障-测试相关性信息流也变得更加复杂,由于信息流模型只描述系统的故障集合与测试集合,得到的模型与系统结构不相符,给模型的检验带来了困难,这是信息流模型的缺点。

为了克服信息流模型的缺点,20 世纪 90 年代,美国康涅狄格大学(UConn)的 Somnath Deb 和 K. R. Pattipati 等对其进行了改进,设计了多信号流图模型。该模型包含多个信息流模型,更加接近系统的实际结构,并且“信号”是相互独立的,使多信号流模型的建模、验证更加容易。美国 Qualtech Systems 公司(简称 QSI 公司)利用该模型和相关理论开发了系统测试性分析与研究工具(system testability analysis and research tool,START),START 后来发展成测试性工程与维护系统(testability engineering and maintenance system,TEAMS)。TEAMS 已经成功应用于美国国家航空航天局(NASA)和美国军方,典型的案例有:普惠公司用于 F119 发动机和 F-35 战斗机的 F135 发动机的测试性分析。

德国 Sörman Information & Media AB 公司基于 Rodelica 语言开发了 RODON 软件,通过建立产品的虚拟模型进行故障注入与故障诊断,实现装备的测试性分析。澳大利亚 PHM Technology 公司在美国 F-35 战斗机项目的投资下,开发了状态感知系统软件 MADe,能够完成系统建模与测试性分析,改善装备的测试性设计并提高状态监测能力。

在测试不确定性建模方面的研究主要有:龙兵分析了多信号模型在描述不确定性信息方面的不足,提出了一种不确定测试性建模技术;杨鹏在分析二值相关性模型不足的基础上,提出了不确定相关性矩阵模型;刘冠军、王成刚等将模糊概率引入多信号流图模型中,用以描述存在的不确定信息;代京采用面向对象贝叶斯网络的方法,依据交叉熵原理提出状态-测试关联灵敏度指标,对测试不确定情况下的航空机电系统进行测试性定量分析;张士刚考虑了实际中“非完美测试(imperfect test)”的影响,深入研究了非完美测试条件下的测试性建模、测试优化与诊断策略优化方法。

在测试性模型方面的研究主要有:胡政、温熙森、邱静、胡昌华、刘本德等研究了使用图论的方法描述测试性工程中的拓扑问题,并给出了图论测试性模型的测点优化与诊断策略优化方法;连光耀、王晓东等研究了一种测试性结构模型,以装备的功能结构为基础,在此基础上描述故障模式及其传播过程;杨士元、林志文等研究了 XML 模式下相关矩阵的描述及诊断方法;苏永定研究了基于确定与随机 Petri 网的测试性需求模型,用于多阶段多任务系统的测试性需求指标的确定;钱彦岭、连光耀、陈希祥分别研究了基于 EXPRESS-G 语言、基于 XML 语言与基于本体语言的测试性信息模型。

此外,杨述明、谭晓栋等考虑装备健康管理对测试性的需求,分别从面向装备健康管理的测试性技术与面向装备健康状态评估的测试性设计方面进行研究,建立了考虑装备健康管理需求的测试性模型。

综上,测试性建模技术的核心是建立测试性模型并获取相关性矩阵(dependence matrix,DM),测试性建模的思路方法不同,得到的测试性模型也就不同,但其本质存在联系。

1.2.3 测试性验证评价的研究现状

在目前的工程实践中,常用的测试性评价方法是三阶段评定法:设计核查、验证试验、使用评价,在相应的阶段进行阶段性试验与评价,得到阶段性评价结果。在GJB 2547A—2012中,工作项目300系列、400系列、500系列均是关于测试性设计、分析、试验、评价的内容。这三个工作项目系列分别从论证阶段、研制阶段与使用阶段规定了装备测试性水平的评价工作,说明了装备测试性水平考核的重要性;在“测试性试验与评价”(工作项目400系列)中,对“测试性核查”“测试性验证试验”“测试性分析评价”给出了详细的规定要求。

测试性试验与评价,可统指为了评价装备的测试性水平而采用的一切理论与方法。如装备设计特性的测试性定量评价、测试性建模分析与评价、研制阶段的样机试验与仿真试验、装备实物试验的测试性验证评价、综合分析评价等,均可认为是测试性试验与评价的内容。

测试性评价的目的主要有三个:一是对本阶段的测试性水平进行评价,为判断是否转入下一阶段提供依据;二是测试性验证试验,为装备定型提供依据;三是使用阶段测试性信息的收集与评价,为新研装备或者装备改型提供参考。贯穿于其中的主线就是发现测试性设计缺陷,为测试性改进与优化提供指导。本节主要研究验证评价方法的现状,并针对验证试验中的关键技术——故障注入与验证评价方法研究现状进行分析。

1.2.3.1 故障注入技术研究现状

为了实现对装备测试性的评价,需要对装备进行故障注入测试性试验,收集试验数据并采用相应的理论方法进行计算,得出装备的测试性水平。因此,故障注入技术是测试性试验中的关键环节,是进行测试性试验的基础。

国际上首次提出故障注入技术是在20世纪70年代,利用该技术对容错计算机系统的设计进行验证。故障注入技术是人为地使目标立即发生或者加速发生故障的过程。故障注入工作是一个周而复始的循环过程,其周期流程一般为:确定注入对象—选择故障模式—执行故障注入—收集试验数据—分析试验结果—改进缺陷。一般有硬件、软件与仿真三种故障注入类型,具体分类及内容如表1-1所示。

表 1-1　故障注入类型及具体内容

故障注入类型	具体内容
硬件故障注入	一般用故障的硬件(单元、电路板、元器件、线路等)替换正常的硬件,或者用故障注入器直接在原有装备上进行故障注入,使装备发生故障。例如:对集成电路的管脚注入故障,引起输出的变化;或对元器件直接进行故障注入。 优点:得到数据真实,时效性较强。 缺点:成本较高,需要附加设备,受物理访问的限制,容易对装备造成损坏
软件故障注入	该方法通常对软件进行测试时采用,对象主要为软件程序或软件系统,以软件"故障程序"嵌入的方式进行故障注入。主要方式有基于驱动器原理或针对特定目标和多处理器故障注入技术等。 优点:不需要辅助的硬件设备,在确定故障注入位置后,分析程序或指令能否到达该位置即可;也能实现某些硬件故障注入,如在 CPU、内存或总线等部位出现的硬件故障。 缺点:软件故障注入技术大多应用于软件程序运行的稳健性测试和软件系统的研发,较少应用于武器装备的测试性验证评价中
仿真故障注入	先建立目标对象的仿真模型,再建立元器件、模块/单元的故障模型,在仿真的环境下用故障模型代替原有的正常部分,再次仿真后输出故障情况下的结果。 优点:可以在早期进行,将测试性试验提前到研制阶段,不受访问的限制,注入容易,可获取大量的数据。 缺点:要建立较为真实的仿真模型

在国外,美国的卡内基梅隆大学(CMU)、加利福尼亚大学(UC)、杜克大学(Duke)、密歇根大学(UMich)、伊利诺伊大学(UI)、美国航空航天局、RST 公司、IBM 公司、Tandem 电脑公司、得克萨斯农工大学(TAMU)、弗吉尼亚州立大学,法国的系统分析与架构实验室-国家科学研究中心(LAAS-CNRS)等科研院所在故障注入技术方面进行了深入研究。瑞典的查尔姆斯理工大学(CTH),奥地利的维也纳大学,德国的多特蒙德工业大学、埃尔朗根·纽伦堡大学(FAU)、卡尔斯鲁厄理工学院(KIT)等,在故障注入方面也展开了研究。在日本、韩国、意大利、英国、澳大利亚等国也有许多大学和科研机构从事该项研究。

在国内,故障注入研究始于 20 世纪 80 年代。哈尔滨工业大学首先开展了该方面的研究,至今共研制了 4 代故障注入器,其水平处于国内领先地位。故障注入技术的研究也在清华大学、北京航空航天大学等科研院所中开展。其中,北京航空航天大学研制的 ZY-1/M-3 故障注入器、上海微系统与信息技术研究所研制的故障注入器都已投入了使用。2005 年,张晓杰提出了一种 TMS320C54x 的 BIT 测试性验证系统;2008 年,刘丹丹研制了一种总线级故障注入系统,用于验证 BIT 的测试性指标;2009 年,王道震提出了使用 HALT 的测试性验证方法;陈建辉、常庆研究实现了一种使用 TMS320C5416 的 DSP 故障注入系统。

在装备实物上进行硬件故障注入的缺点很明显:

(1)要有样机或装备实物,进行评价和指导改进的时间滞后;

(2)生产出样机或实物后,测试性设计基本固定,进行测试性的改进优化比较困难;

(3)容易损坏装备,且需要辅助设备,费用高;

(4)受物理封装的限制,是有选择的故障注入。

随后,仿真故障注入技术受到了人们的重视,在测试性试验领域起到了重要作用,不仅为测试性试验提供了一种手段,也增加了用于测试性评价的信息。基于仿真故障注入技术的测试性验证试验称为虚拟验证试验,或仿真验证试验。许多学者意识到虚拟验证试验在测试性试验中发挥的作用,开展了在虚拟验证方面的研究工作。

高鑫宇对虚拟验证中的故障建模技术进行了研究,应用到惯性组合中;张勇提出一种基于仿真建模的虚拟验证方案,使用 FFBTE 模型定量地描述测试性信息,并对故障样本的模拟生成技术进行了研究。军械工程学院在仿真故障注入方面也开展了深入的研究,黄考利、李志宇等研究了一种仿真故障注入系统,应用于某型导弹装备的测试性验证评价工作中;马彦恒教授研究团队的成员李刚、陈隽、宋丽蔚、张晔等,研究了一种基于仿真的故障注入系统,用于雷达装备的测试性验证试验中,目前该系统正处于工程化开发阶段。

仿真故障注入技术在测试性验证评价中发挥了巨大的作用,在得到仿真试验数据后,还应该研究与实物数据的融合方法,才能合理有效地使用仿真数据,获取更加可信的测试性评价结果。

1.2.3.2 验证评价方法研究现状

测试性验证试验,就是按照规定的方法进行故障注入,之后对测试结果进行统计分析,评价产品的测试性水平,并判断是否达到了规定要求,决定接收或拒收。通用的测试性验证评价工作流程如图 1-1 所示。

在产品定型或重大设计更改时,都要进行测试性验证试验。由于目前没有对测试性验证进行规范的专用标准,使得该项工作开展程度比较有限(甚至某些装备没有开展测试性试验),许多研制单位实施测试性试验的情况也不容乐观,技术知识储备与经验积累比较少。

有关资料显示,调查的研制单位中对部分产品进行测试性试验的占 79%,其余的从未进行过测试性试验。实物故障注入中选择的故障模式均是容易实现的,如接口断开、掉电、拔插等,样本代表性较差,模拟方式的故障注入占25%;部分产品做过测试性验证的占75%;整个产品做过测试性验证的仅占7%。

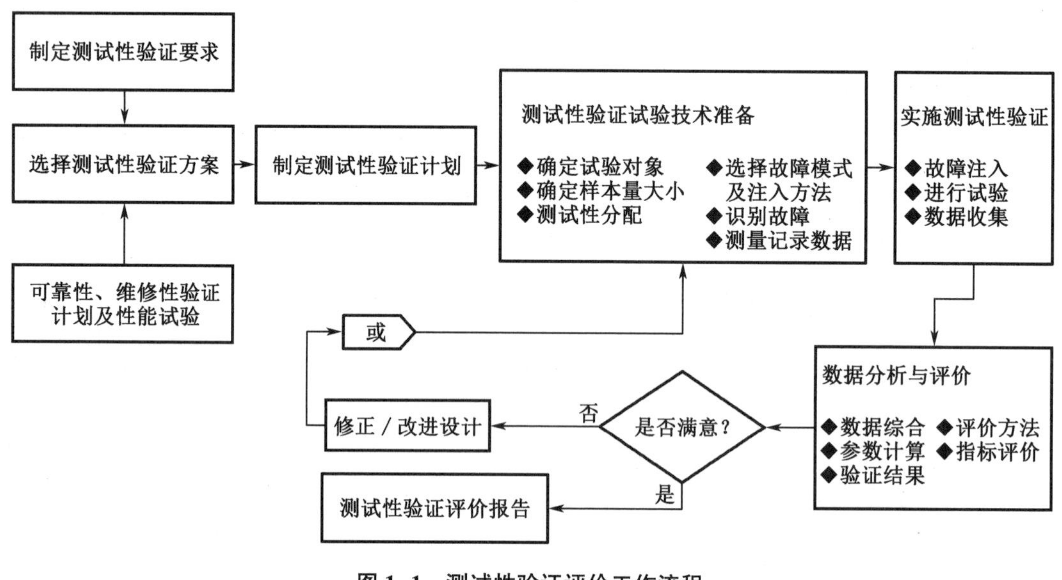

图1-1　测试性验证评价工作流程

美国空军试验和评价中心对APG-66雷达与APG-65雷达的机内测试进行了分析,错误发现率(FDR)与故障隔离率的要求值均为95%,虚警概率要求小于5%。经过测试性验证试验,错误发现率还不到50%,故障隔离率不到90%,虚警概率高于30%,甚至达到72%,后经测试性改进才达到了可以使用的水平。美国海军海上系统司令部进行的一项分析表明,从武器系统上拆下来的在线可更换单元(LRU)有近70%是没有故障的,这均是由测试诊断不准确以及虚警等因素造成的。

国内外有些军用标准中涉及了关于测试性验证试验的部分内容,主要存在于可靠性、维修性的相关标准中,不成体系。因此,非常有必要对测试性验证试验的要素、方法、手段、技术等进行研究,得出一套专门的验证方法用于装备的测试性验证试验,并制定相关的标准进行推广。

GJB 2547A—2012指出,使用《维修性试验与评定》(GJB 2072—94)或者其他相关标准和资料提出适用的测试性验证试验方案。在"测试性试验与评价"中明确规定,可以综合使用各种试验数据进行综合验证评价,但没有给出具体的综合评价方法。国内外各类测试性验证方法总结见表1-2。

表 1-2 国内外各类测试性验证方法总结

统计方法	应用	具体内容
二项分布法	NTIS ADA081128	给出试验方案的样本量 n 与允许试验成功次数 K 的近似值的近似计算公式,并制定了二项分布数据表
	GJBZ 20045—91	对雷达 BIT 进行验证,FDR/FIR 采用的定数试验方案为(n,C),其中 n 是注入故障样本量,C 是允许的最大失败次数
	GJB 1298—91	给出了雷达、指挥仪自动测试设备只考虑生产方风险的 FDR/FIR 验证定数试验方案,没有给出故障样本选择与分配方式
正态分布法	MIL-STD-471A 通知第 2 部分	以正态分布的区间估计为理论基础,给出了置信上、下限的计算方法,样本分配采用逐层分配法
	MIL-STD-2165	参照 MIL-STD-471A 方法,与维修性计划结合进行,制定测试性验证计划进行附加验证
	GJB 2072—94	在 MIL-STD-471A 通知第 2 部分的基础上进行改进,参照维修性试验的方法确定样本量,分两种情况计算 FDR/FIR 的区间估计,按比例逐层分配样本,给出了接收/拒收判据
	GJB 1135. 3—91	给出了地空导弹武器系统 BIT/ETE 的 FDR/FIR 验证,在确定样本量后,使用随机的方式从故障库中抽取故障模式,给出了接收/拒收判据
	GJB 1770. 3—93	给出了对空情报雷达 BIT 的 FDR/FIR 验证方案,对 GJB 1135. 3—91 的方法进行了改进,给出了接收/拒收判据
多项分布法	RADC 方法	故障检测率以二项分布、故障隔离率以多项分布为基础,确定所需的故障样本量及合格判数,对虚警率没有规定

田仲对军用标准中的测试性验证方法进行了分析总结,提出使用二项分布法进行测试性验证试验,并指出如果忽略功能结构、故障模式不同造成的影响,在统计模型、指标要求、风险规定均相同的情况下,得到的故障样本量与接收/拒收准则将是一样的,这显然是不合理的。石君友针对该问题,深入研究了故障样本的选取方法,提出了基于充分性度量原理的故障样本代表性定量评价方法,有效弥补了测试性验证试验中故障样本选取的缺陷。

在测试性评估的理论方法上,空军预警学院的杨江平、常春贺采用模糊综合评价方法、层次分析法、物元可拓法等实现了对空军雷达装备的测试性评价。之后,贝叶斯理论在装备测试性试验与评价中得到广泛应用。张金槐、唐雪梅、蔡洪、张士峰、武小悦、刘琦等研究总结了贝叶斯统计推断的基本理论,并对序贯贝叶斯决策方法中的概念和序贯验后加权检验法做出了明确的说明。明志茂采用贝叶斯方法对可靠性进行综合评估,采用改进狄氏分布拟合可靠性增长过程,实现了对“小子样、多阶段、异总体”数据的融合。李天梅采用贝叶斯变动统计理论,利用先验信息减少故障样本量,采用次序狄氏分布拟合测试性增长过程,进行测试性综合验证评价。

1.3 研究思路与内容安排

1.3.1 问题分析

测试性工作都是围绕设计、试验、评价、改进来进行的,可见测试性试验与评价是非常重要的环节。测试性试验有两个特点:

(1)测试性试验与评价贯穿装备的全寿命周期,测试性试验的对象、所处的阶段以及当前具备的测试性信息等要素决定了试验方法的类型。

(2)具有时间先后顺序,只有在阶段性评价合格之后,才能转入下一阶段的工作,尤其是定型时的测试性验证试验,是装备能否进行生产的重要依据。

测试性评价的基本过程总结如下:

(1)分析装备的物理特点,确定评价对象;

(2)进行测试性试验,获取测试性信息;

(3)选定理论方法,进行综合验证评价。

现有测试性试验评价方法还缺少相应的体系研究,并且还需要在以下几个方面进行改进:

(1)测试性评价工作开展较晚,在具有故障信息之后才能进行。同时,传统的测试性建模分析方法对装备设计与使用情况的描述不够准确,与实际情况存在差距,不完全符合装备实际使用时的维修保障情况。

(2)实物试验数据较少,仅使用实物数据得到的测试性评价结果可信度低,缺少能够有效融合多种类型测试性信息的理论方法。当采用仿真故障注入技术获取大量测试性仿真试验数据时,应该能够有效融合两类测试性信息进行综合验证评价。

(3)测试性试验具有明显的阶段性,并且测试性水平是逐步提高的,但缺少有效描述测试性增长过程的验证评价方法,也没有充分利用其他测试性信息(专家经验、相似装备等),

导致评价结果可信度不高。

综上,有必要分析全寿命周期过程中的测试性信息,对不同层次、不同类型、不同阶段的测试性信息进行处理,研究“全寿命、多信息、大综合”的测试性综合评价方法,在相应的阶段采用合适的理论方法,得到更加符合实际的评价结果。

1.3.2　研究思路

GJB 2547A—2012 将原来 GJB 2547—95 中测试性工程的 7 项工作扩充到了 5 大类,测试性工作包含 21 个工作项目的内容,对“测试性信息”“测试性要求”给出了明确的规定,并且工作项目 400 系列与工作项目 500 系列,专门就“测试性试验与评价”“使用期间测试性评价与改进”进行了规范和要求,为测试性试验分析与评价提供了更好的指导作用。

测试性工程可定义为为提高产品的测试性水平所进行的一整套需求分析、设计、研制、生产和试验工作。从某种意义上讲,测试性工程就是装备系统工程中有关测试性设计的系统工程。测试性试验与评价工作,应该从一开始就随着测试性工作的开展而进行,并贯穿于系统全寿命周期过程。针对现存问题,按照 GJB 2547A—2012 与系统工程方法的要求,对测试性工作分析如下:

(1)应充分考虑实际使用特点,建立更加符合实际的测试性模型进行评价。现有测试性模型对测试性因素进行了一定程度的简化,忽略了一部分约束条件,造成设计需求与使用需求不一致,得到的评价结果与实际有差距。因此,进行测试性建模时,要在装备结构功能、故障、测试的基础上兼顾实际使用时维修级别的约束,建立与之相符的测试性模型,才能得到更加真实的评价结果。

(2)要运用多种技术手段进行测试性试验,获取多种测试性信息,并研究融合多类信息的测试性综合验证评价方法。由于装备实物的测试性验证试验存在缺点,因此可在实物试验之前采用仿真故障注入的方式进行仿真验证试验,获取测试性信息,增加可用于评价的信息量。同时,有必要研究融合多源测试性信息的综合评价方法,提高测试性评价结果的可信度与真实性。

(3)需要考虑装备测试性的持续改进过程(测试性增长过程),并基于增长过程研究有效的测试性验证评价方法。装备测试性经过多次的“试验—改进—再试验”,具有“多阶段”特点;并经过多次改进,测试性水平不断增长,测试性水平在各阶段的分布参数不是同一总体,而是属于“异总体”。所以要对“多阶段、异总体”的测试性试验数据进行合适的处理,使其能够反映装备真实的测试性水平。

测试性工作主要包含三个要素:时间阶段、数据信息、装备对象。时间阶段代表了装备的全寿命周期过程;数据信息随着时间的推移不断丰富完善;装备对象则是进行分析的系

统、单元等。因此,使用系统工程方法,从寿命周期维、数据信息维、装备对象维三个维度建立装备的测试性三维信息示意图,如图 1-2 所示。

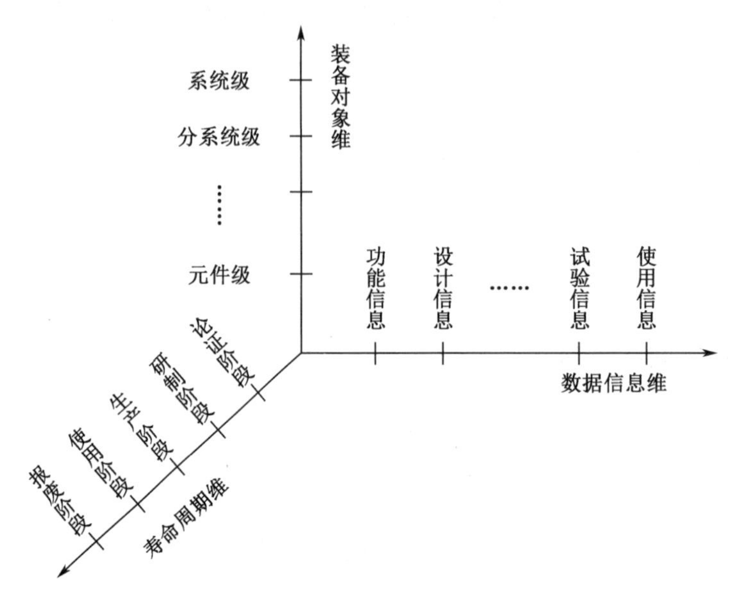

图 1-2　装备测试性三维信息示意图

(1)寿命周期维。寿命周期维主要是为测试性工作提供时间进度参考,一般可划分为五个阶段:论证阶段、研制阶段、生产阶段、使用阶段、报废阶段。在不同的阶段,测试性工作进度不同,具有的测试性信息不同,可采用的测试性评价方法也有所不同。

(2)数据信息维。数据信息维包含了可以使用的测试性信息,为测试性评价服务。在 GBJ 2547A—2012 中,4. 5 节明确了测试性信息包括装备论证、方案、工程研制、生产和使用阶段产生的有关测试性数据、报告及文件等;7. 4 节也明确将故障模式、影响和危害性分析(FMECA)作为测试性信息的一部分。因此,测试性信息一般有设计信息、功能信息、性能信息、故障数据、仿真试验信息、实物试验信息、使用信息等。

(3)装备对象维。装备对象作为测试性信息的载体,对测试性的影响主要表现在自身的物理结构和层次划分。例如:系统自身由多个分系统组成,每个分系统由若干个 LRU 组成,每个 LRU 又由多个车间可更换单元(SRU)组成,以此类推,直到装备的底层不可再分单元。装备的物理层次结构、功能划分等决定了测点的设置与测试的可达性,因此获取的测试性信息由于物理载体的不同,可分为系统试验数据、分系统试验数据、单元/模块试验数据等。

本书将结合测试性三维信息图,从三个方面出发进行测试性验证评价方法的研究。基于测试性三维信息的综合评价技术思路如下:

(1)从装备对象维出发,研究基于测试性模型的评价方法。考虑装备实际使用时测试维修资源的约束,建立更加客观的测试性模型,进行测试性评价。

(2)从数据信息维出发,研究信息融合的验证评价方法。在没有装备实物的时候开展基于仿真的测试性试验,研究融合仿真试验数据与实物试验数据的测试性综合验证方法,得到综合评价结果。

(3)从寿命周期维出发,研究测试性增长的综合验证评价方法。针对测试性增长过程的特点,综合使用多种测试性信息,研究合理描述测试性增长过程的综合验证评价方法。

此外,在理论研究的基础上开发测试性综合验证评价的软、硬件平台,以某型雷达装备为对象进行工程实现,证明理论方法的有效性与可行性。

1.3.3 内容安排

本书整体按照分析问题、解决问题、工程实现的思路进行规划,采用总分的方式安排章节结构。

第1章,绪论。综述了测试性领域中测试性建模、故障注入、验证评价方法等相关技术的研究现状,指出了现有测试性工作中存在的问题及需要改进的方向,并以GJB 2547A—2012与系统工程思想为指导,建立测试性三维信息图,给出了本书的研究思路与内容安排。

第2章,基于模型的测试性定量评价方法。在测试性信息较少时,以装备对象维为切入点,依据设计资料研究了一种基于装备属性模型的测试性定量评价方法,可尽早实现设备测试性评价工作;分析有向图建模技术,以多信号流图建模思想为基础,在考虑实际维修级别的约束下,研究了一种层次多信号流图(HMSFG)模型的测试性评价方法;对测试不确定性的情况进行研究,采用蒙特卡洛方法获取条件概率的不确定相关性矩阵,实现测试性定量评价。

第3章,基于仿真与实物试验数据的测试性综合验证评价方法。在实物试验数据量较少的情况下,研究仿真建模的测试性综合验证评价方法,使用仿真故障注入技术获取仿真试验数据,并以数据信息维为切入点,采用贝叶斯方法融合仿真与实物试验数据进行测试性综合验证评价,提高结果的真实性。同时,针对仿真数据量过大可能“淹没”实物试验数据的问题,对仿真试验数据的可信度进行分析,研究了考虑仿真数据可信度的贝叶斯融合方法。

第4章,基于测试性增长过程的综合验证评价方法。在测试性增长过程中,测试性参数具有“多阶段、异总体 ”的特点。以寿命周期维为切入点,对多阶段试验、基于增长数学模型、基于改进狄氏分布等几种情况下的测试性综合验证评价方法进行研究。在采用改进狄氏分布拟合测试性增长过程时,使用Gibbs抽样的MCMC方法对高维后验积分进行求解,得到验证评价结果。

第 5 章,平台开发与工程实现。基于理论研究开发了半实物仿真的测试性综合验证评价系统,介绍该系统中的关键技术与实现方法,并以某型雷达装备为对象进行工程实现。

第 6 章,结论与展望。对本书的创新点和研究成果进行了总结,并对测试性验证评价研究工作进行了展望。

第2章 基于模型的测试性定量评价方法

2.1 引　　言

为尽早实现对装备测试性的评价,当装备具有设计信息时就可以开展测试性评价工作。依据装备的设计资料,使用其结构、功能、性能等自身属性信息研究测试性定量评价方法。在获取了故障信息后,就以设计信息、故障信息为基础,继续开展测试性定量评价工作。使用测试性模型的评价方法是一种常用的、有效的方法,但是该方法仍然存在一些不足:建模时没有预先考虑实际使用时维修级别的约束条件,没有考虑在实际测试过程中存在不确定因素的影响,没有考虑在发生故障后对任务成功性的影响。这些都是需要研究解决的问题。因此,本章从以上问题出发,研究相应的测试性定量评价方法,获取更加符合实际的测试性水平。

2.2 基于装备属性模型的测试性评价方法

2.2.1 装备属性模型的建立

石君友、康锐等针对目前测试性分析以故障为基础的问题,研究了一种基于设计特性的测试性定量分析方法,摆脱了对故障分析的依赖,可以及早地实现对装备设计特性的测试性定量评价。其主要思想为分析装备设计时具有的结构、性能、功能特点与组成,研究设计特性覆盖的测试模型,对装备设计特性进行测试性定量分析和评价。邓露、许爱强等在此基础上进行了扩展,研究了一种基于关联模型的故障样本集覆盖性定量评价方法,将信息要素组成扩展为结构单元、功能单元、测试点集、测试性项目集、测试信号集与故障模式集等六类要素，前五类定义为设计要素，并建立起设计要素之间的关联关系、故障模式集与设计要素之间的关联关系，依据关联特性得到故障样本集对设计要素的覆盖性定量评价结果。

依据上述思想，对装备的设计信息与各类测试性信息进行归纳，可建立起用于测试性评价的装备属性模型。其属性主要包括以下三大类的内容：

(1)装备的物理属性，包括物理结构组成、物理层次关系以及装备自身具有的功能、性能等；

(2)装备的测试属性，包括测试信号、测试点设置、测试项目等；

(3)装备的故障属性，包括性能参数故障、功能故障、底层元器件故障模式等。

因此将物理属性、测试属性、故障属性这三个方面作为装备的属性，实现基于装备属性的测试性度量。其属性组成如图 2-1 所示。

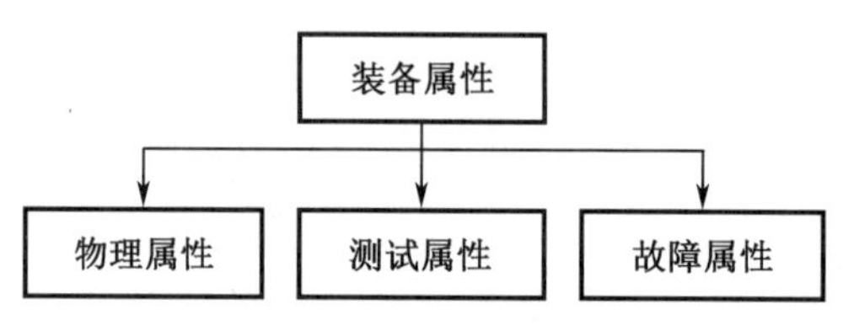

图 2-1　装备的属性组成

装备的属性模型可由以下四元组表示：

$$A=(U,F,T;R) \tag{2-1}$$

式中，U 为装备的物理属性，表示装备物理结构的划分规则与物理组成；F 为装备的故障属性，表示装备的所有故障类型；T 为装备相应的测试属性，表示具有的测试项目；R 为属性之间的关联关系，是实现装备测试性度量的主要依据。下面对其各要素进行详细说明。

(1)物理属性：$U=\{u \mid u_G,u_P,u_W\}$，U 表示装备整体具有的天然的属性，其中 u_G 表示装备具有的功能集合；u_P 表示装备具有的性能参数集合；u_W 表示装备的物理结构组成，包括上下层次物理结构，是物理对象的集合，如可更换单元、元器件等，是故障的物理载体。

(2)故障属性：$F=\{f \mid f_G,f_P,f_M\}$，表示故障集合，是装备某些部分发生物理变化造成的一些外在的表现形式，其中 f_G 为功能故障，f_P 为性能故障，f_M 为故障模式。

(3)测试属性：$T=\{t_1,t_2,\cdots,t_r\}$，表示所有的测试集合，具体划分可包括测试点、测试信号、测试类型与方法等，在此主要泛指测试项目，即在现有条件下具有的测试项目；r 为测试的数量。

(4)关联关系：$R=\{R_{U-T},R_{F-T},R_{U-F}\}$，其中 R_{U-T} 是装备物理属性与测试属性之间的关联

关系集合，R_{F-T} 是故障属性与测试属性之间的关联关系集合，R_{U-F} 是物理属性与故障属性之间的关联关系集合。这几类关系可以表示为

$$R_{U-T}=\{(u_i,t_j)\mid \forall t_j\in T,\exists R_{U-T}(t_j)\subseteq U,u_i\in U\} \tag{2-2}$$

$$R_{F-T}=\{(f_k,t_j)\mid \forall t_j\in T,\exists R_{F-T}(t_i)\subseteq F,f_k\in F\} \tag{2-3}$$

$$R_{U-F}=\{(f_k,u_i),\forall f_k\in R_{F-T}(t_j),\exists R_{U-F}(f_k)\in U\} \tag{2-4}$$

2.2.2　基于装备属性模型的测试性度量

基于装备属性模型的测试性度量，主要用于评价测试对装备属性的覆盖程度，度量的实质是映射关系的完备程度。依据度量理论，其包含的主要因素有：度量原理、度量参数、度量公式以及充分性准则。在还没有分析故障的情况下，可使用测试属性与物理属性进行度量，以评价测试对装备结构设计情况的覆盖程度；经过 FMECA 分析之后，装备物理属性通过故障属性表现出来，通过对故障属性的测试度量来评价装备的测试性水平。

(1)度量原理

度量的原理在于使用映射关系评价对装备属性的覆盖程度，因此映射关系是度量的基础。映射关系主要有：一对一映射、多对多映射、完备映射与非完备映射。

假设有两个集合 A 与 B，$A=\{a_i\}$，$i=1,2,\cdots,m$，$B=\{b_j\}$，$j=1,2,\cdots,n$，R 代表 A 到 B 的映射关系集合。

①如果 $\forall k\neq l,\exists R(a_k)\neq R(a_l)$ 并且 $|R(a_k)|=|R(a_l)|=1$，$k,l=1,2,\cdots,m$(下同)，$|\cdot|$表示集合的基数，即集合中包含元素的个数，那么这种映射关系可称为一对一映射。

②如果 $\forall k\neq l,\exists R(a_k)=R(a_l)$，那么当 $|R(a_k)|=|R(a_l)|=1$ 时，这种映射关系可称为多对一映射，当 $|R(a_k)|>1$ 且 $|R(a_l)|>1$ 时，这种映射关系可称为多对多映射；如果 $\forall i$，$\exists |R(a_i)|>1$，那么这种映射关系可称为一对多映射。

一对多映射和多对一映射是多对多映射的特殊情况。

③如果 $\forall i,\bigcup_i R(a_i)\subset B$ 或者 $\forall A'\subset A,a'_i\in A',\exists\bigcup_i R(a'_i)=B$，那么这种映射关系可称为非完备映射。

④如果 $\forall i,\bigcup_i R(a_i)=B$ 且 $\forall A'\subset A,a'_i\in A',\exists\bigcup_i R(a'_i)\subset B$，那么这种映射关系可称为完备映射。

(2)度量参数

如果在测试的映射关系中包含了对装备属性中某些元素的映射，则认为测试对该元素产生作用，覆盖到了该元素，因此常用对装备属性的覆盖率 γ_C 作为度量参数。

(3)度量公式

进行度量的前提工作是对装备属性中的某一项元素建立一对一的完备的测试映射集

合,将产生映射的元素数量与该属性的元素总数相比,得到的就是度量结果,度量公式为

$$\gamma_C = \frac{|R(z)|}{|z|} \times 100\% \tag{2-5}$$

式中,z 为装备属性中某项元素的集合;$R(z)$ 是该元素中具备测试映射关系的元素集合。

(4)充分性准则

如果 $\gamma_C = 1$,那么可认为覆盖是充分的;如果 $\gamma_C < 1$,那么认为覆盖是不充分的。对于不充分的覆盖,就需要进行测试性的改进,以达到覆盖的充分性。

在装备的使用与保障过程中,不仅要考虑物理结构层次,也要考虑装备维修级别的约束。资源的配置决定了测试维修对象的层次与范围,在相应的维修级别上,测试维修的对象可能是某些模块,也可能是元器件,因此约束层次不仅要考虑装备的物理结构,还应考虑维修级别。

所以,在测试性分析时应该预先考虑维修级别对测试对象的影响,将资源配置的约束及对象层次等条件考虑进去,得到在维修级别的约束下的物理属性、故障属性、测试属性。这些属性可定义为面向维修级别的属性,表示相应维修级别上的物理对象、层次故障、测试项目。同时,其映射关系也表示在该维修级别上的映射关系。在确定了维修级别后,属性模型变化为

$$A^m = (U^m, F^m, T^m; R^m) \tag{2-6}$$

式中,m 表示相应的维修级别。在下一节的分析中,各元素均表示相应维修级别上的信息。

2.2.2.1　基于物理属性的测试性度量

对装备物理属性的测试性度量可以摆脱对装备故障分析的依赖,能够尽早地对装备测试性设计水平进行评价,基本过程为:

(1)分析装备相应维修级别上的物理属性 U^m:①依据装备的功能设计资料列举出具备的各类功能,并记录各功能的名称,得到功能集合 u_G(其上标不再给出,下同);②依据装备的性能设计资料分析各种性能参数,得到性能参数集合 u_P;③依据装备的设计资料,确定系统的结构层次与分析对象,得到需要的装备结构单元集合 u_W。

(2)分析装备相应维修级别上的测试属性 T^m:根据系统的测试设计资料列出装备的测试项目,选定已有的测试项及名称,建立系统的测试集合。

(3)建立物理属性中各个项目之间的直接或间接映射关系,之后建立测试属性与物理属性之间的映射关系。其中包含:结构与功能的映射关系 R_{W-G},功能与性能的映射关系 R_{G-P},性能与结构的映射关系 R_{W-P},测试与性能的映射关系 R_{T-P},测试与功能的映射关系 R_{T-G}。

因此,映射关系由物理属性各项之间的映射关系以及物理属性与测试属性之间的映射

关系组成,可以表示为 $R_{U-T}=\{R_{W-G},R_{W-P},R_{G-P},R_{T-G},R_{T-P}\}$。基于装备物理属性的测试性度量流程如图 2-2 所示。

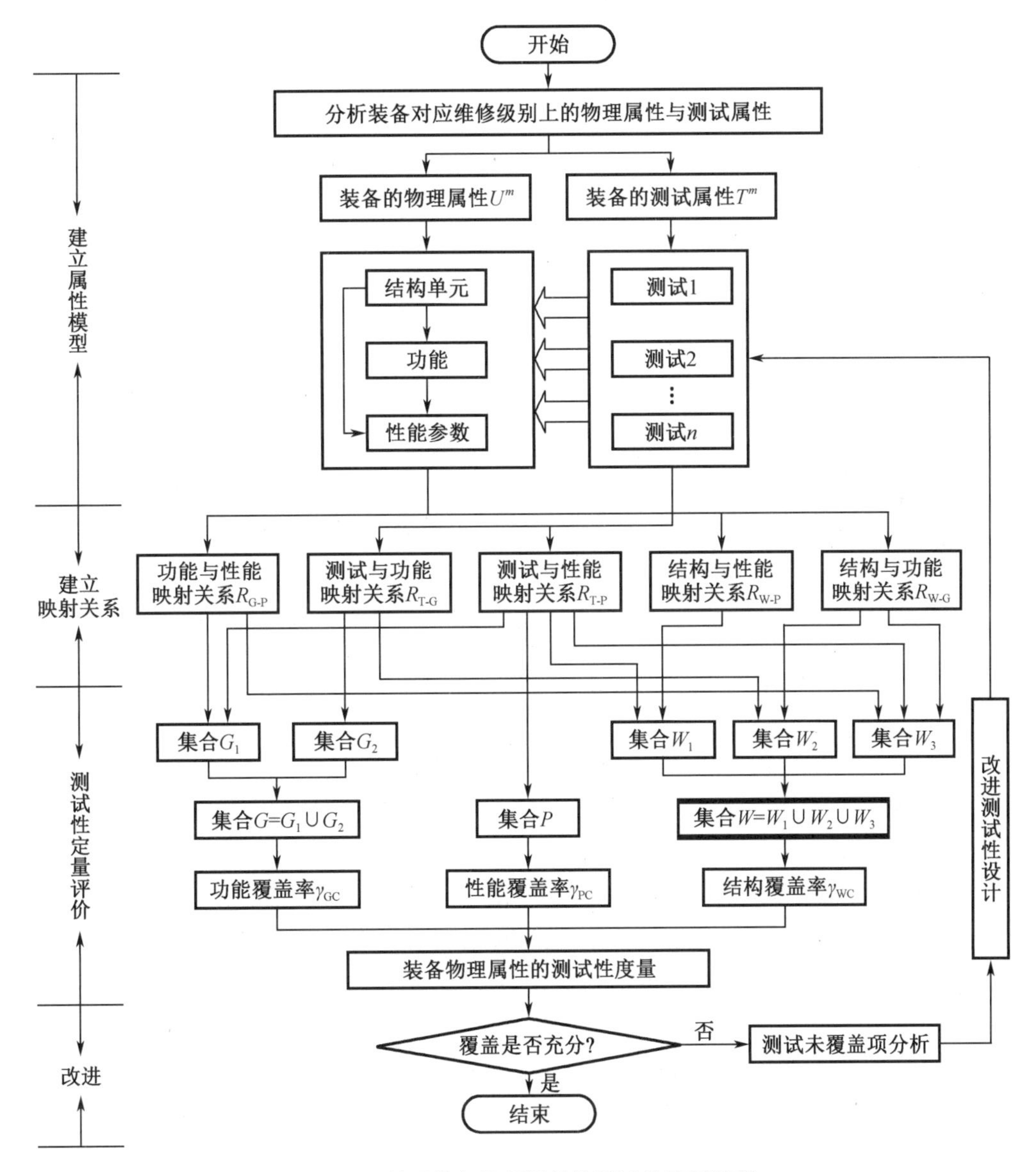

图 2-2　基于装备物理属性的测试性度量流程

(4)将映射关系得到的覆盖集合与原有集合进行度量计算,得到装备物理属性中各项目的覆盖率:结构覆盖率 γ_{WC}、功能覆盖率 γ_{GC}、性能覆盖率 γ_{PC}。同时对评价结果的充分性进行判断,如果覆盖是不充分的,则需要对未覆盖的项进行分析,以满足覆盖充分性为目的制定测试性设计的改进措施;如果覆盖是充分的,结束。在后续的测试性改进工作中应与其他工作协调进行,并在改进后重新进行测试性定量分析。

物理属性中各项的覆盖率计算公式如下：

结构覆盖率为

$$\gamma_{WC} = \frac{|W|}{|u_W|} \times 100\% \tag{2-7}$$

功能覆盖率为

$$\gamma_{GC} = \frac{|G|}{|u_G|} \times 100\% \tag{2-8}$$

性能覆盖率为

$$\gamma_{WC} = \frac{|P|}{|u_P|} \times 100\% \tag{2-9}$$

案例分析

现以某型雷达装备的伺服控制系统为例进行分析，该系统的主要组成框图如图 2-3 所示。在基层级维修级别上对该系统进行分析，最底层单元为 LRU。

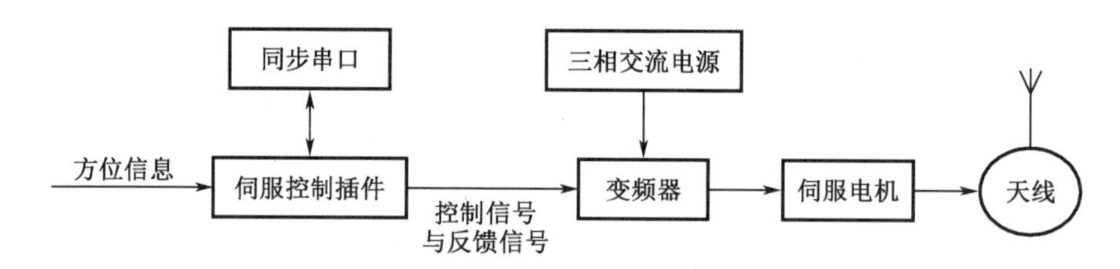

图 2-3　伺服控制系统组成框图

该系统的工作原理为：接收外部传感器传输过来的天线方位信息，经伺服控制插件计算后将速度、方向等控制信号传输给变频器；伺服电机控制天线的旋转方向与旋转速度，实现天线的定位。其物理属性、测试属性列表如表 2-1 所示。

表 2-1　伺服控制系统物理属性、测试属性列表

物理属性			测试属性	
结构 u_W	功能 u_G	性能参数 u_P	测试编号	测试名称
三相交流电源 u_{W1}	提供动力 u_{G1}	电压幅值 u_{P1}	T_1	电压测试
伺服控制插件 u_{W2}	接收、发送控制信号 u_{G2}	—	—	—
	控制旋转方向 u_{G3}	—	T_2	方向测试
	天线定位 u_{G4}	—	T_3	位置测试
变频器 u_{W3}	调整电机转速 u_{G5}	速度 u_{P2}	T_4	速度测试
伺服电机 u_{W4}	推动天线转动 u_{G6}	速度 u_{P2}	T_4	速度测试

由上表可以得到物理属性中各元素的集合为

$$u_W = \{u_{W1}, u_{W2}, u_{W3}, u_{W4}\}$$

$$u_P = \{u_{P1}, u_{P2}\}$$

$$u_G = \{u_{G1}, u_{G2}, u_{G3}, u_{G4}, u_{G5}, u_{G6}\}$$

测试集合为

$$T = \{T_1, T_2, T_3, T_4\}$$

依据物理属性列表建立起各项元素与测试属性之间的映射关系为

$$R_{W-G} = \{(u_{W1}, u_{G1}), (u_{W2}, u_{G2}), (u_{W2}, u_{G3}), (u_{W2}, u_{G4}), (u_{W3}, u_{G5}), (u_{W4}, u_{G6})\}$$

$$R_{W-P} = \{(u_{W1}, u_{P1}), (u_{W3}, u_{P2}), (u_{W4}, u_{P2})\}$$

$$R_{G-P} = \{(u_{G1}, u_{P1}), (u_{G5}, u_{P2}), (u_{G6}, u_{P2})\}$$

$$R_{T-G} = \{(T_2, u_{G3}), (T_1, u_{G1}), (T_4, U_{G5}), (T_4, U_{G6}), (T_3, u_{G4})\}$$

$$R_{T-P} = \{(T_1, u_{P1}), (T_4, u_{P2})\}$$

依据图 2-2 的度量流程得到相应元素的映射集合为

$$\begin{aligned} R_{G-P} \cap R_{T-P} &= \{[(T_1, u_{P1}), (u_{G1}, u_{P1})], [(T_4, u_{P2}), (u_{G5}, u_{P2})], [(T_4, u_{P2}), (u_{G6}, u_{P2})]\} \\ &= \{(T_1, u_{G1}), (T_4, u_{G5}), (T_4, u_{G6})\} \end{aligned}$$

则

$$G_1 = \{u_{G1}, u_{G5}, u_{G6}\}$$

$$G_2 = \{u_{G3}, u_{G4}\}$$

则

$$G = G_1 \cup G_2 = \{u_{G1}, u_{G3}, u_{G4}, u_{G5}, u_{G6}\}$$

$$\begin{aligned} R_{T-P} \cap R_{W-P} &= \{[(T_1, u_{P1}), (u_{W1}, u_{P1})], [(T_4, u_{P2}), (u_{W3}, u_{P2})], [(T_4, u_{P2}), (u_{W4}, u_{P2})]\} \\ &= \{(T_1, u_{W1}), (T_4, u_{W3}), (T_4, u_{W4})\} \end{aligned}$$

则

$$W_1 = \{u_{W1}, u_{W3}, u_{W4}\}$$

$$\begin{aligned} R_{W-G} \cap R_{T-G} &= \{[(T_2, u_{G3}), (u_{W2}, u_{G3})], [(T_3, u_{G4}), (u_{W2}, u_{G4})]\} \\ &= \{(T_2, u_{W2}), (T_3, u_{W2})\} \end{aligned}$$

则

$$W_2 = \{u_{W2}\}$$

$$\begin{aligned} R_{W-G} \cap R_{G-P} \cap R_{T-P} = \{&[(T_1, u_{P1}), (u_{G1}, u_{P1}), (u_{W1}, u_{G1})], \\ &[(T_4, u_{P2}), (u_{G5}, u_{P2}), (u_{W3}, u_{G5})], \\ &[(T_4, u_{P2}), (u_{G6}, u_{P2}), (u_{W4}, u_{G6})]\} \\ = \{&(T_1, u_{W1}), (T_4, u_{W3}), (T_4, u_{W4})\} \end{aligned}$$

则

$$W_3 = \{u_{W1}, u_{W3}, u_{W4}\}$$

则

$$W = W_1 \cup W_2 \cup W_3 = \{u_{W1}, u_{W2}, u_{W3}, u_{W4}\}$$

$$R_{T-P} = \{(u_{T1}, u_{P1}), (u_{T4}, u_{P2})\}$$

则

$$P = \{u_{P1}, u_{P2}\}$$

使用式(2-7)~式(2-9)即可得到装备物理属性的测试性定量评价结果,如表2-2所示。

表2-2　物理属性的测试性度量

	性能覆盖	功能覆盖	结构覆盖
物理属性	$\|u_P\|=2$	$\|u_G\|=6$	$\|u_W\|=4$
与测试关联的属性	$\|P\|=2$	$\|G\|=5$	$\|W\|=4$
测试性定量分析	$\gamma_{PC}=100\%$	$\gamma_{GC}=83.3\%$	$\gamma_{WC}=100\%$

结果分析:由于是在基层级以LRU为对象进行分析,得到的测试性度量结果较高,其性能覆盖率与结构覆盖率均达到了100%,只有一项功能没有覆盖到。经分析得知,伺服控制插件中的单片机与复杂可编程逻辑器件(CPLD)电路用来实现控制信号的接收与发送,信号测试比较困难。其接收的信号为外部传感器传送过来的信号,发送的控制信号能够通过执行机构的动作显现出来,同时考虑到物理空间和费用的限制,因此对此功能不再进行覆盖,决定增加外部辅助测试。

2.2.2.2　基于故障属性的测试性度量

当装备设计完毕之后,其物理属性基本不再发生变化。因此在完成对装备物理属性的测试性评价之后,要实施FMECA获取对应的故障模式集合,开展对装备故障属性的测试性度量,实现测试对故障属性覆盖性的定量评价。

(1)度量原理与流程

对装备的故障属性进行评价,其本质与对装备的物理属性进行评价相同,关键环节是要建立物理属性与故障属性的映射关系,保证物理属性与故障属性的映射是完备映射。由于早期无法对虚警进行模拟与评价,进行度量时主要考虑故障能否被覆盖到,因此在这里将故障检测覆盖率与故障隔离覆盖率作为分析的参数。基于故障属性的测试性度量原理如图2-4所示。

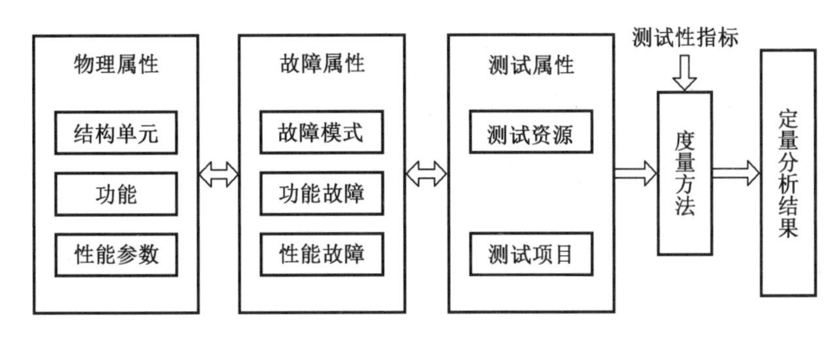

图 2-4　基于故障属性的测试性度量原理

基于故障属性的测试性度量流程如图 2-5 所示。其中 F_M 为故障集合中对应的结构单元故障，F_G 为故障集合中对应的功能故障，F_P 为故障集合中对应的性能故障；W_M 为单元故障对应的单元集合，W_G 为功能故障对应的单元集合，W_P 为性能故障对应的单元集合。

这里用到的映射关系集合为 $R_{F-T}=\{R_{W-G},R_{W-P},R_{G-P},R_{P-F},R_{G-F},R_{F-T}\}$。

(2)测试性参数的度量

对故障的检测主要体现测试与故障的关联关系，则故障检测覆盖率表达式为

$$\gamma_{FDC}=\frac{|F'|}{|F|}\times 100\% \tag{2-10}$$

式中，F 为所有故障的集合；F'为经过 $R_{F-T}(T)$ 映射关系覆盖到的故障集合。该式的含义为在现有测试的情况下，通过测试-故障映射关系能够检测到的故障数量与故障总数之比。

故障隔离覆盖率计算的说明：由于装备的结构单元是功能、性能参数的载体，结构单元的正常与故障是通过功能、性能参数表现出来的，同时故障隔离是通过一系列的测试将故障隔离到装备的结构单元，在建立故障属性与物理属性的映射时，最终需要将故障与结构单元建立联系，同时在前述装备的物理属性模型中，各个功能、性能参数均是直接或间接地与结构单元发生联系，因此可以得到故障与结构单元的映射关系集合 R_{W-F}。

对故障的隔离主要是将故障定位到装备结构单元，那么故障隔离率表达式为

$$\gamma_{FI}=\frac{|W'|}{|F|}\times 100\% \tag{2-11}$$

式中，W'为经过故障与物理属性关系、物理属性内部关系映射后得到的故障与结构单元的映射关系集合。该式的含义为在现有测试的情况下，通过测试到故障与故障到结构的映射关系，能够隔离到规定模糊度单元的故障数量与故障总数之比。关于模糊度，可借鉴一对一映射与多对多映射的概念进行描述。

假设 W'_g 为被隔离到 g 个单元的故障集合，则有

$$\begin{cases} W'_g=\{w' \mid \forall f\in F_g,\exists w'=R_{W-F}(f)\},|W'_g|=g \\ \forall f\notin F_g,W'_g=\{w' \mid w'=R_{W-F}(f)\}\Rightarrow |W'_g|\neq g \end{cases}$$

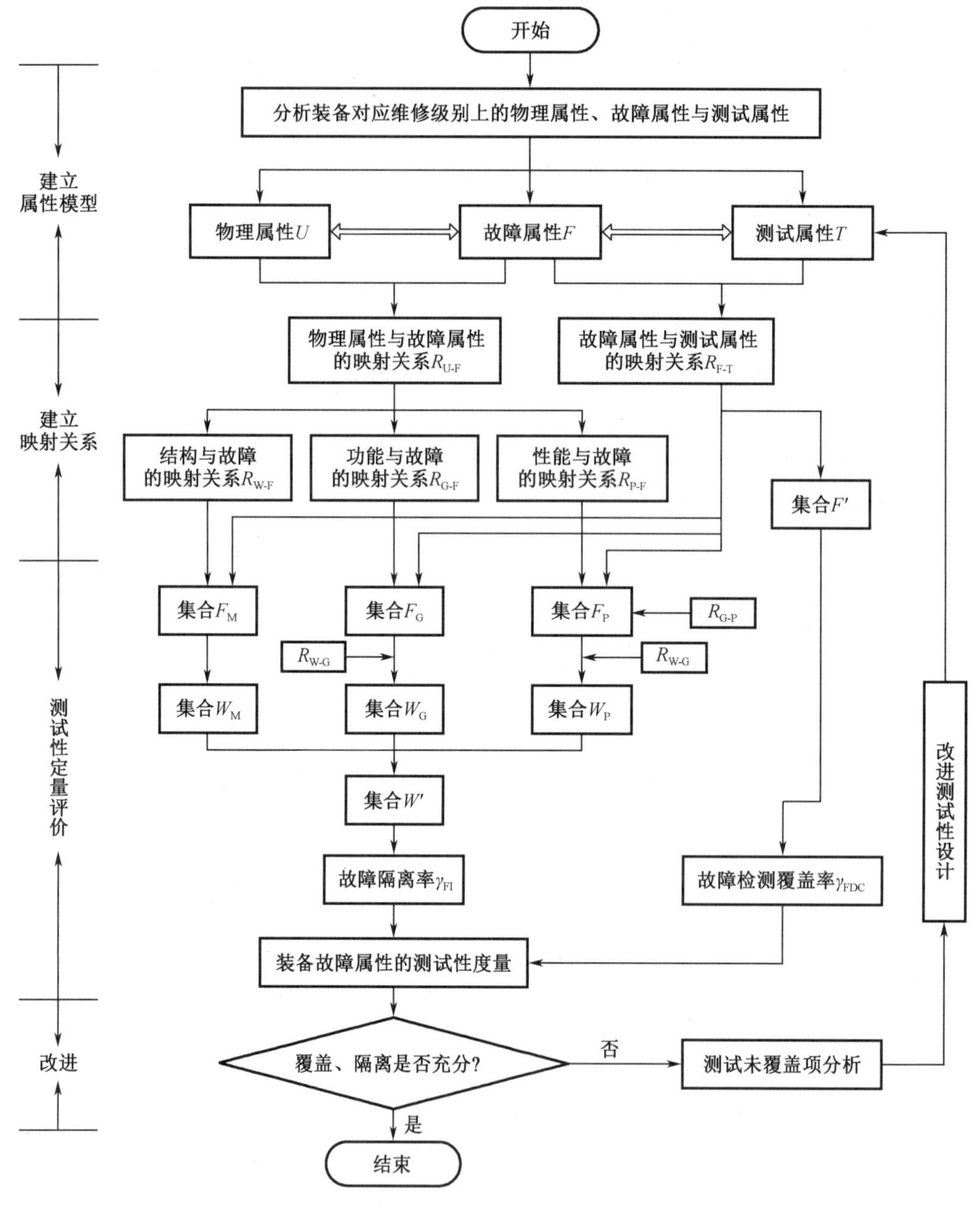

图 2-5　基于故障属性的测试性度量流程图

那么对应模糊度为 g 的故障隔离率 γ_{FI}^{g} 可表示为

$$\gamma_{FI}^{g}=\frac{\sum_{1}^{g}|W'_{g}|}{|F|}\times 100\% \tag{2-12}$$

在一般情况下要求 $g \leqslant 3$，在某些情况下要求 $g=1$。式(2-11)与式(2-12)的区别在于式(2-12)规定了模糊度，二者本质一样。

案例分析

仍以伺服控制系统为例进行分析，该系统发生的故障为天线不转动 F_1、转速不稳 F_2、转速与预定不符 F_3、天线位置错误 F_4、天线无法停止 F_5。

其测试集合仍然为原来的测试集合，分别为电压测试 T_1、方向测试 T_2、位置测试 T_3 与速度测试 T_4。由此得到映射关系的集合为

$$R_{\mathrm{F-T}} = \{(F_1,T_1),(F_3,T_2),(F_4,T_3),(F_2,T_4),(F_5,T_4)\}$$

$$R_{\mathrm{F-G}} = \{(F_1,U_{\mathrm{G1}}),(F_1,U_{\mathrm{G2}}),(F_1,U_{\mathrm{G6}}),(F_2,U_{\mathrm{G2}}),(F_3,U_{\mathrm{G2}}),(F_3,U_{\mathrm{G5}}),(F_4,U_{\mathrm{G4}}),(F_5,U_{\mathrm{G2}}),(F_5,U_{\mathrm{G6}})\}$$

$$R_{\mathrm{F-P}} = \{(F_1,U_{\mathrm{P1}})\}$$

其中 $R_{\mathrm{W-P}}$、$R_{\mathrm{W-G}}$、$R_{\mathrm{G-P}}$ 与前述相同。

依据图 2-5 的度量流程进行如下推理。

由 $R_{\mathrm{F-T}}$ 得到

$$F' = \{F_1,F_2,F_3,F_4,F_5\}$$

$$R_{\mathrm{G-F}} \cap R_{\mathrm{F-T}} = \{(T_1,U_{\mathrm{G1}}),(T_2,U_{\mathrm{G2}}),(T_2,U_{\mathrm{G5}}),(T_3,U_{\mathrm{G4}}),(T_4,U_{\mathrm{G2}}),(T_4,U_{\mathrm{G6}})\}$$

则

$$F_{\mathrm{G}} = \{(T_1:U_{\mathrm{G1}}),(T_2:U_{\mathrm{G2}},U_{\mathrm{G5}}),(T_3:U_{\mathrm{G4}}),(T_4:U_{\mathrm{G2}},U_{\mathrm{G6}})\}$$

F_{G} 经过 $R_{\mathrm{W-G}}$ 的映射之后，得到

$$W_{\mathrm{G}} = \{(T_1:U_{\mathrm{W1}}),(T_2:U_{\mathrm{W2}},U_{\mathrm{W3}}),(T_3:U_{\mathrm{W2}}),(T_4:U_{\mathrm{W2}},U_{\mathrm{W4}})\}$$

$$R_{\mathrm{P-F}} \cap R_{\mathrm{F-T}} = \{(T_1,U_{\mathrm{P1}})\}$$

$$R_{\mathrm{W-P}} \cap R_{\mathrm{P-F}} \cap R_{\mathrm{F-T}} = \{(U_{\mathrm{W1}})\}$$

所以

$$W_{\mathrm{P}} = \{(U_{\mathrm{W1}}),(U_{\mathrm{W2}},U_{\mathrm{W3}}),(U_{\mathrm{W2}}),(U_{\mathrm{W2}},U_{\mathrm{W4}})\}$$

得到

$$W' = W_{\mathrm{G}} \cup W_{\mathrm{P}} = \{(U_{\mathrm{W1}}),(U_{\mathrm{W2}},U_{\mathrm{W3}}),(U_{\mathrm{W2}}),(U_{\mathrm{W2}},U_{\mathrm{W4}})\}$$

因此，依据故障属性进行分析，使用现有测试项目将故障隔离到相应结构的映射关系，如表 2-3 所示。

表 2-3 测试与结构的映射关系

测试项目 T	结构 u_W
电压测试 T_1	三相交流电源 u_{W1}
方向测试 T_2	伺服控制插件 u_{W2}、变频器 u_{W3}
位置测试 T_3	伺服控制插件 u_{W2}
速度测试 T_4	伺服控制插件 u_{W2}、伺服电机 u_{W4}

使用式(2-10)和式(2-12)计算得到测试性定量分析的结果如表 2-4 所示。

表 2-4 故障属性的测试性度量

		故障检测覆盖	定量分析
故障属性		$\lvert F \rvert=5$	
关联属性		$\lvert F' \rvert=5$	$\gamma_{FDC}=100\%$
		故障隔离覆盖	定量分析
结构属性		$\lvert u_W \rvert=4$	
关联属性	$g=1$	$\lvert W' \rvert=2$	$\gamma_{FI}=50\%$
	$g=2$	$\lvert W' \rvert=4$	$\gamma_{FI}=100\%$

结果分析:该系统的故障检测覆盖率很高,但在模糊度为 1 时故障隔离覆盖率较低,原因是伺服控制插件与变频器、伺服电机在现有的测试项目下无法区分。

改进措施:如果对伺服控制插件增加独立的测试项目,那么当 $g=1$ 时,$\gamma_{FI}=100\%$。因此,在对伺服控制插件增加一个独立的测试项目后,即可实现对所有结构的唯一隔离,这将会大大缩短故障诊断时间,提高维修保障效率。

在实际中该装备如果出现故障,经常采用“替换法”进行故障隔离,即使用完好的备件对其中的未测试覆盖单元进行替换,之后进行测试以确定故障是否被排除,这样无疑增加了故障隔离的步骤与时间。所以,在权衡分析费用、体积、质量等因素后,可适当增加测试项目以提高装备的测试性水平。

在一般情况下,装备在物理属性上的测试性设计水平较高。在实际使用时,维修保障人员要对故障进行测试,而故障与装备物理属性的映射关系复杂,虽然对故障的检测能够达到较高的水平,但是故障的隔离水平往往较低,若要实现模糊度为 1 的故障隔离,需要增加大量的测试或者需要较多的测试步骤,这是装备保障中的重点、难点问题。

2.3　层次多信号模型的测试性评价方法

测试性的有向图建模分析方法能够对系统的测试性进行定量的描述和分析,是用于装备测试性设计、分析与评估的重要方法。它将故障与测试、测试与测试间的映射关系以有向图的方式表示,能清晰地描述装备的测试性信息。

2.3.1　有向图建模技术

多信号模型具有接近实际系统的物理特性、建模过程简单等方面的优点,在测试性设计、预计工作中得到了广泛的认可和应用。在测试性验证与评估试验中,多信号模型可以明确反映故障与测试之间的关系,能清晰反映故障注入点、故障模式以及故障的流动路线。

多信号模型主要由以下几部分组成。

(1)系统结构单元(模块、部件)有限集 U:$U=\{u_1,u_2,\cdots,u_W\}$;

(2)系统的独立信号有限集 S:$S=\{s_1,s_2,\cdots,s_K\}$;

(3)现有测试的有限集 T:$T=\{t_1,t_2,\cdots,t_N\}$;

(4)设置的测试点有限集 TP:$TP=\{TP_1,TP_2,\cdots,TP_P\}$;

(5)每个测试点 TP_i 所对应的测试集 $SP(t_j)$:$SP(t_j)\subset T$;

(6)受结构单元 c_i 影响的信号集 $SC(c_i)$:$SC(c_i)\subset S$;

(7)测试 t_j 能检测的信号集 $ST(t_j)$:$ST(t_j)\subset S$;

(8)故障模式集 F:$F=\{f_1,f_2,\cdots,f_M\}$,是该层级中模块的所有故障模式集合;

(9)有向图 G:$G=\{U,F,TP,T,E\}$,与单信号依赖模型不同的是,多信号模型有向图中的边 E 代表系统的物理连接。

建模时需要注意信号之间应当区分明显和相互独立,信号之间不存在信息流模型中的高阶依赖关系,一个信号不会影响其他信号。建模思想如下:

(1)故障具有多维属性。定义功能故障和一般故障两类故障。

(2)使用信号代表系统联系。可以是定量的参数值,也可以是定性的特征描述,并能够表示正常和异常两种状态。信号之间是相互独立的,可不考虑具体的故障模式,建模难度低。

(3)信号与测试之间的相关性。每个测试点上可以定义多个测试项,每个测试项都有与之对应的测试信号,并且测试点的所有测试项都能检测其信息流路径上所有模块的一般故障,以及分析故障-测试是否关联。

对于复杂装备,不同维修级别有不同的故障检测、隔离水平要求,但是目前的方法是建立最低层级的相关性矩阵进行测试性评价,这种方法是需要改进的。因此必须考虑不同维修级别上测试需求不同,测试诊断的装备结构对象不同,装备在各维修级别上对故障的检测、隔离水平要求也不同的情况,尤其是装备在基层级所具有的测试资源水平决定了装备真实作战使用时的测试效果,也直接反映了装备当时的诊断维修效果及继续工作的能力。所以不仅要评价装备在基层级的测试效果,还应能够评估在基层级测试资源约束条件下的测试效果。

因此,本节在多信号流图模型的基础上,结合装备层次化、模块化设计特点,考虑维修保障体制改革下基于换件维修的要求,明确各维修级别的测试需求与测试对象,依据维修级别条件的约束建立层次多信号流图模型,考察装备在不同维修级别下的测试效果,实现基于层次多信号流图模型的测试性评价。

2.3.2 层次测试性模型的建模与测试性评价

基于层次多信号流图模型的测试性评价方法研究的基本思路为:多信号流图模型具有表达多维故障属性的能力,根据维修级别与装备物理结构划分层次,在各个层次上建立该层的多信号流图模型,对无法测试诊断或维修的部分,建立下一层的多信号流图模型,以此构成层次测试性模型;使用该模型获取层次相关性矩阵,运用测试性评估数学模型得到各维修级别上装备的测试性水平。这与以往的基于整体多信号流图模型的方法略有差别,具有以下几个特点:

(1)层次建模对象可灵活确定。以往是以底层故障和测试为对象,现在以层次上的故障和测试为对象,根据测试资源与维修级别所达到的水平,层次上的故障可以是元件级的亦可以是模块级的,因此测试性模型划分的层次与维修级别具有对应关系。

(2)在某层可单独进行测试性建模与分析。在测试资源与维修级别确定的情况下,将在该层能够测试的物理结构和故障作为该层的分析对象,建立所在层次的多信号流图模型,确立本层内的故障传播路径和故障-测试相关性。

(3)明确了多信号流图的层间联系。如果在某维修级别出现无法测试的模块而需要借助更高维修级别的测试资源,或者出现某层次模块内部的各故障模块无法进行故障隔离的情况时,则将这些模块作为分析对象,建立新的多信号流图模型,这样就构成了层间的多信号流图,用以满足诊断维修的要求。

建立的装备层次多信号流图模型结构示意图如图 2-6 所示。图中每层装备层次多信号流图都由该层的多信号流图组成,带阴影的方块代表在相应维修级别上不能完成检测、隔离的模块,需要进一步的测试,空白方块代表可直接测试隔离的模块。在某层建模时,分析的对象为该层次上的测试性要素,而不一定是所有的底层故障模式,该层确定的所有单元模块测试分析完毕之后,才能获取该层完整的相关性矩阵。由于信号具有流动性,可在层次之间传播,层次故障具有灵活的表达方式,有些故障可以作为底层故障也可作为层次故障,因此在选用层次故障时,要确保符合维修与诊断的工作要求。

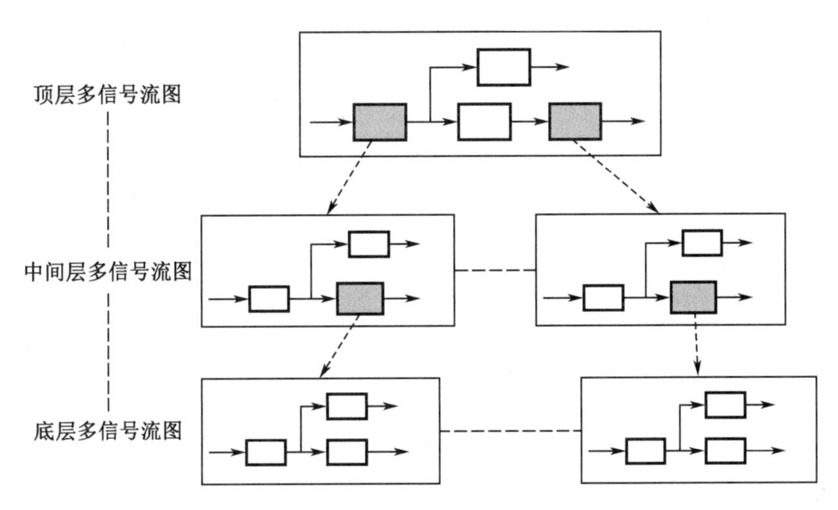

图 2-6　装备层次多信号流图模型结构示意图

2.3.2.1　层次多信号流图模型的定义

在此对层次多信号流图进行定义,在某层上的多信号流图模型可表示为如下形式:

$$G^l = (U^l, F^l, TP^l, T^l, E^l) \tag{2-13}$$

式中,上标 l 代表装备的第 l 层;G^l 是第 l 层的多信号流图模型;U^l 是第 l 层的模块;F^l 是第 l 层的故障;TP^l 是第 l 层的测点;T^l 是第 l 层的测试;E^l 是第 l 层的有向边。

此外仍需明确上下层之间的联系,在本层中出现的不可测试或隔离的模块需要深入下一层进行分析,建立下层的多信号流图模型。同时上下层之间的模块具有这样的关系:如果 $\exists U_i^l \in U_F^{l-1}$,则 $\exists R_l^{l-1}$。R_l^{l-1} 代表上下两层模块之间的关系,满足如下条件:

$$R_l^{l-1}(U) = \{\forall U_i^l, U_j^l \in U^l, \exists U_i^l \in U_a^{l-1}, \exists U_j^l \in U_b^{l-1} \text{ 且 } U_a^{l-1} \cap U_b^{l-1} = \varnothing\} \tag{2-14}$$

2.3.2.2　层次相关性矩阵的获取

建立层次多信号流图模型之后,在各层次上获取相关性矩阵,并在此基础上进行测试性评估与诊断分析,评价装备测试性的设计水平和故障隔离的难易程度。完整的层次相关性矩阵形式化表示图如图 2-7 所示。

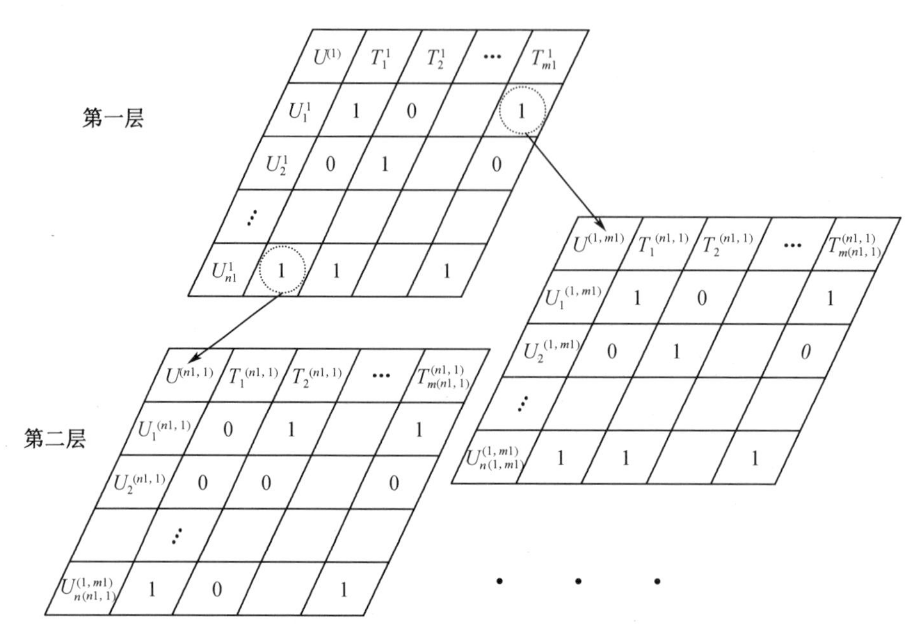

图 2-7　层次相关性矩阵形式化表示图

这里仍做单故障假设，依据多信号流图方法获取单层的相关性矩阵，之后依据层间联系获取层次相关性矩阵。构建步骤为：

(1)选择顶层，建立该层的多信号流图模型，分析故障-测试相关性，建立该层的相关性矩阵；

(2)逐步深入，当出现不可测试维修模块时，对该模块内部进行分析，建立下层的多信号流图模型与相关性矩阵，直到获取所要求层次的相关性矩阵；

(3)建立联系，依据层间联系得到整体的层次相关性矩阵。

层次相关性矩阵的数学模型表达式为

$$D' = \{D^1, D^2, \cdots, D^l, \cdots, D^L\} \tag{2-15}$$

式中，D'是所有层的相关性矩阵集合；D^l 是第 l 层相关性矩阵，且 $D^l = [d_{i,j}^l]_{m_l \times n_l}$，其中 m_l 是该相关性矩阵中的故障数目，n_l 是该相关性矩阵中的测试数目。

使用层次相关性矩阵进行测试性评估的方法：首先获取观测数据，使用本层的相关性矩阵进行测试性评价；当在该层次上出现不可测试或隔离的模块时，根据上下层联系分析对应的下层相关性矩阵，继续使用下层的相关性矩阵进行测试性评价，进而实现层次的测试性评价。

2.3.2.3　基于层次多信号流图的测试性评价

考虑装备在实际的测试、维修过程中具有层级性，比如在维修级别上，可分为基层级和基地级。在基层级,测试诊断的对象可能为模块,而不用测试到底层元器件;在基地级,测试诊断的对象可能需要测试到器件级。所以在相应的维修级别只需评估该层的测试效果即可。

进行测试性评价时,可以在各层级上获得测试性水平,也能获得在相应测试资源条件下装备整体的测试性水平。

依据前文所述的层次相关性矩阵,在规定的某层中,计算该层故障检测率,其数学公式为

$$\gamma_{FD}^{l} = \left(1 - \frac{N_0^l}{N^l}\right) \times 100\% \tag{2-16}$$

式中,N_0^l 为第 l 层相关性矩阵中全为 0 的行数;N^l 为第 l 层相关性矩阵具有的行数。

在规定的某层中,计算该层模糊度为 g 的故障隔离率,其数学公式为

$$\gamma_{FI}^{l} = \frac{N_g^l}{N^l} \times 100\% \tag{2-17}$$

式中,N_g^l 为第 l 层相关性矩阵中模糊度为 g 的行数。

对装备整体测试性水平的评估,是将所有底层故障作为基数进行计算的,因此底层的测试性水平可代表装备整体的测试性水平,将底层相关性矩阵作为测试性评估的数据来源,进行装备整体的测试性评价,数学公式为

$$\gamma_{FD} = \left(1 - \frac{N_0^L}{N^L}\right) \times 100\% \tag{2-18}$$

式中,N_0^L 为底层相关性矩阵中全为 0 的行数;N^L 为底层相关性矩阵中所有的行数。

$$\gamma_{FI} = \frac{N_g^L}{N^L} \times 100\% \tag{2-19}$$

式中,N_g^L 为底层相关性矩阵中模糊度为 g 的行数。

通过式(2-16)和式(2-17)可获得所需要装备层级的测试性指标,满足在不同测试资源与维修级别上实际情况的需求。依据式(2-18)和式(2-19)可获得装备整体的测试性指标。

案例分析

某新型雷达采用高度集成的模块化设计,其结构层次划分为分系统、模块、部组件。初步测试时,利用内置测试设备(BITE)的自检功能与相应的辅助测试措施,能够检测大部分可更换单元,在很短的时间内定位故障,采用更换备件或快速维修的方法排除故障;进一步测试时,对以前检测不到的部位或不可隔离维修模块进行深入测试,实现装备的深度诊断与维修。

该装备由 9 个分系统与外设组成。在基层级使用时,这 9 个分系统的模块或部件、外设、整机的性能检测结果,一般是将故障隔离至可更换单元、易于维修的部位;对于不可隔离维修的模块,转入基地级进行测试维修,实现故障的修复。依据装备资料得到的某型雷达装备部分结构划分及故障如表 2-5 所示。

表 2-5　某型雷达装备部分结构划分及故障

<table>
<tr><th>分系统</th><th>故障现象</th><th>模块/单元</th><th>内部组成</th><th>…</th></tr>
<tr><td rowspan="4">分系统1</td><td>天线转动错误</td><td>天线控制部分</td><td>伺服
SD 板
变频器
驱动电机</td><td></td></tr>
<tr><td>数码管无显示</td><td>显控部分</td><td>控制板
显示板</td><td></td></tr>
<tr><td>电源故障</td><td>电源部分</td><td>配电分机
油机或市电
控制板
电缆</td><td></td></tr>
<tr><td>E10~E19 显示</td><td>5~14 号电机接近开关组</td><td></td><td></td></tr>
</table>

分系统 1 列出了 4 个明显的故障现象,分别为天线转动错误、数码管无显示、电源故障、E10~E19 显示。通过基层级的测试诊断,可将故障分别隔离至天线控制部分、显控部分、电源部分和 5~14 号电机接近开关组。通过测试诊断,将故障隔离至可更换单元或可维修的部位,如天线不转时,可将故障定位于伺服、SD 板、变频器或驱动电机,其中 SD 板和变频器具有备件,可直接更换,伺服和驱动电机需要进行维修。在基地级,可对更换下来的故障单元进行深入测试,对其中的元器件进行修复,修复完毕后返回基层级使用。其中“E10~E19 显示”所在行代表“E10~E19 显示”时直接指示到“接近开关组”故障。

对分系统 1 的故障模块使用 2.3.2 节的方法建立层次多信号流图模型,如图 2-8 所示。第一层多信号流图中,f_1^1 为“天线控制”故障,f_2^1 为“显控”故障,f_3^1 为“电源”故障,f_4^1 为“接近开关组”故障(这里代表“E10~E19 显示”所对应的故障),分别对应 4 类故障现象;第二层多信号流图中，f_1^2 为“伺服”故障，f_2^2 为“SD 板”故障，f_3^2 为“变频器”故障，f_4^2 为“驱动电机”故障。图中只对“天线控制”进行了下层多信号流图的建模，其余部分省略。

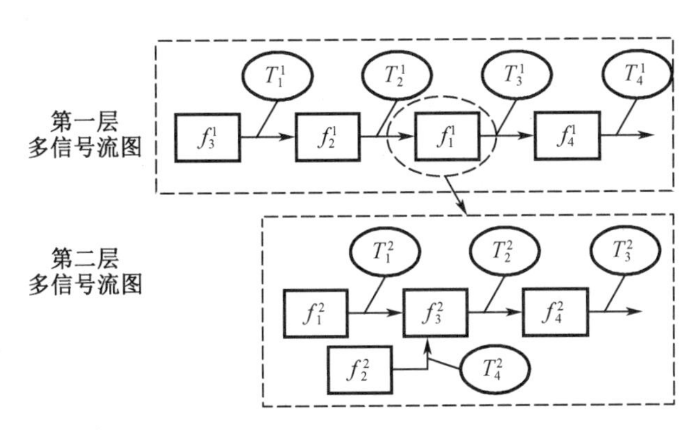

图 2-8　分系统 1 的层次多信号流图模型

建立层次多信号流图模型之后，依据图 2-8 获得相应的层次相关性矩阵，如表 2-6 所示。对所有的层次进行多信号流图建模并获取相关性矩阵，将每层的相关性矩阵进行合并得到该层完整的 D^l，完成装备的层次相关性矩阵的建立。

表 2-6　层次相关性矩阵

部分 D^1	T_1^1	T_2^1	T_3^1	T_4^1	部分 D^2	T_1^2	T_2^2	T_3^2	T_4^2
f_1^1	0	0	1	1	f_1^2	1	1	1	0
f_2^1	0	1	1	1	f_2^2	0	1	1	1
f_3^1	1	1	1	1	f_3^2	0	1	1	0
f_4^1	0	0	0	1	f_4^2	0	0	1	0

经过合并与统计得到各维修级别具有的故障、测试及不可隔离维修模块数目，由式(2-16)~式(2-19)计算得到层次测试性评估结果，如表 2-7 所示。由表 2-7 可以看出，该装备的 γ_{FD} 为 100%，基层级 γ_{FI} 根据模糊度的大小有所不同，基地级 γ_{FI} 均为 100%。该装备在论证时测试性指标要求为 $\gamma_{FD} \geq 90\%$，$\gamma_{FI} \geq 90\%$，所以在基层级使用时，模糊度为 3 能满足 γ_{FI} 的指标要求。

表 2-7　各维修级别的层次测试性评估结果

	基层级		基地级	
	数量	γ_{FI}	数量	γ_{FI}
故障	65		127	
测试	73		139	
模糊度为 1	27	41.5%	127	100%
模糊度为 2	54	83.1%	127	100%
模糊度为 3	62	95.4%	127	100%
模糊度为 4	65	100%	127	100%
γ_{FD}	100%		100%	

分析上述结果得出以下结论：

(1)本书提出的基于层次测试性模型的评估方法,很好地诠释了在不同维修级别与测试资源条件约束下装备具有不同评估结果的情况；

(2)装备作战使用时的测试诊断与维修活动主要发生在基层级,因此进行指标考核时在基层级明确了相应模糊度下的测试性指标；

(3)分析多信号流图层间的联系,可为测试性设计、维修与备件储供提供决策帮助,对需要进一步深入测试的部分,依据实际情况可做出改进设计、转换维修级别或者提供备件的决策。

这种方法研究了对于不同维修级别情况下的测试性评价理论方法,能够很好地解决在维修级别不同的情况下测试性水平的评价问题,为实际工程中的测试性评价提供了一条新途径,对应用实践具有很好的指导作用。

2.4　多信号模型中考虑不确定性因素的测试性评价方法

在实际中,测试过程受到外界以及测试设备自身的影响,所以在测试性试验中存在一定的测试不确定性,主要有以下几种原因：

(1)某些装备部件之间的关联不确定,造成部件之间信号传递的过程不确定；

(2)装备部件与测试点之间是否关联不清楚；

(3)在实际的测试过程中(也就是在进行故障检测和隔离的过程中),由于物理或人为的原因,对信号的获取、处理和判断存在差异,会出现测试的不确定性。

因此,应从装备实际使用的观点出发,对测试结果与得出的系统状态指示之间的概率关系进行分析,从而为合理的测试性验证与评价提供有益的辅助与修正。

2.4.1　测试结果不确定性的描述

一个系统或设备本身有两种状态:一是正常,即无故障;二是故障。对系统进行测试诊断时给出的测试结果(即诊断指示)也有两种,即正常和故障。把系统自身和测试结果作为一个整体综合考虑,建立故障模式与测试节点之间的关系,存在以下四种实际的关联情况:

情况 1:正常。系统没有发生故障 F_i,测试 tp_j 检测结果也正常。

情况 2:虚警。系统没有发生故障 F_i,测试 tp_j 检测到异常,也称为Ⅱ类虚警。

情况 3:故障。系统发生故障 F_i,测试 tp_j 检测到异常。

情况 4:漏检。系统发生故障 F_i,测试 tp_j 检测结果正常,也称为Ⅰ类虚警。

使用 $P(tp_j|F_i)$ 表示这 4 种情况的条件概率,从而基于不确定性得到依赖矩阵:

$$\boldsymbol{P}_{(m+1)\times n}=\begin{bmatrix} P(tp_1\mid F_0) & P(tp_2\mid F_0) & \cdots & P(tp_n\mid F_0) \\ P(tp_1\mid F_1) & P(tp_2\mid F_1) & \cdots & P(tp_n\mid F_1) \\ \vdots & \vdots & & \vdots \\ P(tp_1\mid F_m) & P(tp_2\mid F_m) & \cdots & P(tp_n\mid F_m) \end{bmatrix} \tag{2-20}$$

如果测试和故障模式是非关联的,那么 $P(tp_j\mid F_i)=0$。出于对测试性水平的要求,自然希望正常和故障的情况占多数,虚警和漏检的次数越少越好。假设在某段时间内发生一个故障,有如下概率公式:

$$\begin{cases} P(tp\mid F)+P(\overline{tp}\mid F)=1 \\ P(tp\mid \overline{F})+P(\overline{tp}\mid \overline{F})=1 \end{cases} \tag{2-21}$$

并且有

$$P(F)+P(\overline{F})=1 \tag{2-22}$$

式中,F 表示系统有故障;$\overline{F}$ 表示系统无故障;tp 表示测试结果指示有故障;$\overline{tp}$ 表示测试结果指示无故障;$P(F)$ 表示系统的故障概率;$P(\overline{F})$ 表示系统的无故障概率;$P(tp\mid F)$ 表示诊断概率;$P(\overline{tp}\mid F)$ 表示Ⅰ类虚警概率;$P(tp|\overline{F})$ 表示Ⅱ类虚警概率;$P(\overline{tp}\mid \overline{F})$ 表示正常概率。正确的测试应当是无漏检、不假报,但实际上难以完全消除虚警。根据贝叶斯全概率公式可以得到如下测试的正确诊断概率的计算公式:

$$P(F\mid tp)=\frac{P(tp\mid F)\cdot P(F)}{P(tp\mid F)\cdot P(F)+P(tp\mid \overline{F})\cdot P(\overline{F})} \tag{2-23}$$

$$P(\overline{F}\mid \overline{tp})=\frac{P(\overline{tp}\mid \overline{F})\cdot P(\overline{F})}{P(\overline{tp}\mid \overline{F})\cdot P(\overline{F})+P(\overline{tp}\mid F)\cdot P(F)} \tag{2-24}$$

式中,$P(F \mid tp)$是测试结果指示有故障时,系统真的发生故障的概率,为正确诊断。存在如下关系:

$$\begin{cases} P(\overline{F} \mid tp) = 1 - P(F \mid tp) \\ P(F \mid \overline{tp}) = 1 - P(\overline{F} \mid \overline{tp}) \end{cases} \tag{2-25}$$

式中,$P(\overline{F} \mid \overline{tp})$是测试结果指示无故障时,系统确实未发生故障的概率,为正确诊断;$P(\overline{F} \mid tp)$是测试结果指示有故障,但系统无故障的概率,为错误诊断;$P(F \mid \overline{tp})$是测试结果指示无故障,但系统存在故障的概率,为错误诊断。

在得到测试结果的概率和被测系统的故障概率后才能使用上述公式。

例如,某个系统的故障概率为$P(F)=0.05$,系统的诊断概率为$P(tp \mid F)=0.9$,虚警概率为$P(tp \mid \overline{F})=0.02$,则得到指示故障时,系统实际发生故障的概率和指示无故障时系统也真的没有发生故障的概率分别为

$$\begin{cases} P(F \mid tp) = \dfrac{0.9 \times 0.05}{0.9 \times 0.05 + 0.02 \times 0.95} = 0.703\ 125 \\ P(\overline{F} \mid \overline{tp}) = \dfrac{0.98 \times 0.95}{0.98 \times 0.95 + 0.1 \times 0.05} = 0.994\ 658 \end{cases} \tag{2-26}$$

如果不考虑测试的时间因素,测试的有效性可以用平均正确诊断概率P_A表示,即

$$P_A = \frac{1}{2}[P(F \mid tp) + P(\overline{F} \mid \overline{tp})] = \frac{1}{2}(0.703\ 125 + 0.994\ 658) = 0.848\ 892 \tag{2-27}$$

可以看出,即使在系统具有较高诊断概率的情况下,由于虚警的存在,仍有可能产生较高概率的错误诊断,特别是指示系统有故障的情况很可能是不正确的。

2.4.2 基于蒙特卡洛故障仿真的计算方法

蒙特卡洛方法是一种统计分析方法。该方法无须了解计算值的分布,只需要建立一个与问题相似的统计模型,对概率模型和待解问题进行模拟或抽样统计,再对得到的结果进行统计处理,就可以求出参数估值,将其作为原问题的近似解。

在电路中利用容差仿真的思想对故障进行模拟。依据元器件容差值存在不确定的特性,按照元器件参数可能偏离的范围和参数的随机分布规律,使用蒙特卡洛方法进行多次仿真,计算整个电路特性的分布规律。其处理方法是:对指定分布在元器件容差范围内的指定参数进行随机抽样,对不同的参数仿真多次,利用仿真结果计算出电路性能的统计特性和偏差范围。PSpice 软件提供了蒙特卡洛仿真的选项,只要将指定元器件的模型参数替换为蒙特卡洛模型,并添加蒙特卡洛仿真命令即可实现上述过程。

案例分析

某型雷达的方位目标跟踪系统,由自动跟踪谐振放大器、相敏检波器、仰角补偿放大器、直流放大串联校正回路、放大扩展级电路、基准电压谐振放大电路和驱动电路等组成。该雷达利用误差信号驱动天线实现目标跟踪的功能。对该系统建立的多信号流图模型如图 2-9 所示。

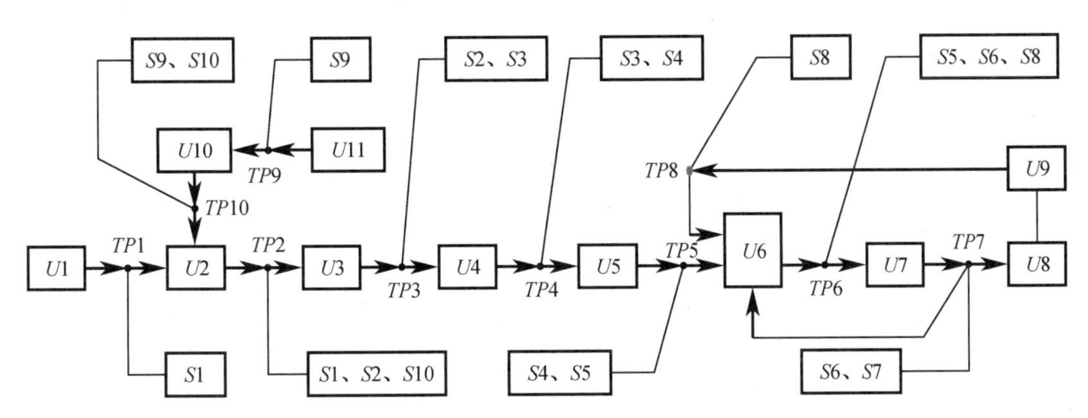

图 2-9　某型雷达方位目标跟踪系统的多信号流图模型

组成单元集:$C=\{U1,U2,\cdots,U11\}$;

组成单元故障集:$F=\{U1(G),U1(F),U2(G),U2(F),\cdots,U11(G),U11(F)\}$,其中 G 表示系统故障,F 表示功能故障;

信号集:$S=\{S1,S2,\cdots,S10\}$;

测点集:$TP=\{TP1,TP2,\cdots,TP10\}$;

测试集:$T=\{T1,T2,\cdots,T10\}$。

其多信号流图模型符号含义如表 2-8 所示。

表 2-8　多信号流图模型符号含义列表

组成单元	单元名称	信号集	信号名称	测点集	测点名称
$U1$	自动跟踪谐振放大器	$S1$	误差信号	$TP1$	09-11:B14,B10
$U2$	相敏检波器	$S2$	方位/高低角误差	$TP2$	09-12/13:B2
$U3$	仰角补偿放大器	$S3$	仰角补偿电位器	$TP3$	09-12:B6
$U4$	直流放大串联校正回路	$S4$	被动误差	$TP4$	09-12/13:B8
$U5$	放大扩展级电路	$S5$	计算机补偿	$TP5$	09-12/13:B19

表 2-8(续)

组成单元	单元名称	信号集	信号名称	测点集	测点名称
$U6$	综合直流放大器	$S6$	方位/高低输出	$TP6$	09B-30:A2,B18
$U7$	触发器可控硅	$S7$	触发脉冲	$TP7$	09B32,3,34,35
$U8$	方位电机	$S8$	测速反馈	$TP8$	09B-30:B8
$U9$	测速电机	$S9$	基准电压	$TP9$	09-12/13:B3
$U10$	基准电压谐振放大电路	$S10$	谐振放大输出	$TP10$	09-11:B4,B18
$U11$	天线				

根据建立的某型雷达方位目标跟踪系统的多信号模型,分析故障单元之间的关联性,得到相关性矩阵,见附录中的表 A,对其进行简化得到的相关性矩阵如表 2-9 所示。

表 2-9 某型雷达方位目标跟踪系统多信号相关性矩阵的简化矩阵

	$TP1$	$TP2$			$TP3$		$TP4$		$TP5$		$TP6$、$TP7$、$TP8$			$TP9$	$TP10$	
	$S1$	$S1$	$S2$	$S10$	$S2$	$S3$	$S3$	$S4$	$S4$	$S5$	$S6$	$S7$	$S8$	$S9$	$S9$	$S10$
$U1(F)$	1	1	1	0	1	1	1	1	1	1	1	1	1	0	0	0
$U2(F)$	0	0	1	1	1	1	1	1	1	1	1	1	1	0	0	0
$U3(F)$	0	0	0	0	0	1	1	1	1	1	1	1	1	0	0	0
$U4(F)$	0	0	0	0	0	0	0	1	1	1	1	1	1	0	0	0
$U5(F)$	0	0	0	0	0	0	0	0	0	1	1	1	1	0	0	0
$U6(F)$ $U7(F)$ $U8(F)$ $U9(F)$	0	0	0	0	0	0	0	0	0	0	1	1	1	0	0	0
$U10(F)$	0	0	1	1	1	1	1	1	1	1	1	1	1	0	0	1
$U11(F)$	0	0	1	1	1	1	1	1	1	1	1	1	1	1	1	1

使用蒙特卡洛仿真方法获取故障与测试关系中的条件概率 $P(tp_j \mid F_i)$ 与 $P(tp_i \mid \overline{F})$,经过仿真,条件概率 $P(tp_j \mid F_i)$ 的矩阵与条件概率 $P(tp_i \mid \overline{F})$ 的矩阵列于附录中的表 B、表 C。经过 FMECA 获得各单元的故障失效概率如表 2-10 所示。

表 2-10 各个单元的故障失效概率

单元	$U1$	$U2$	$U3$	$U4$	$U5$	$U6$	$U7$	$U8$	$U9$	$U10$	$U11$
故障率 /(10^{-6} h^{-1})	1.056	2.214	1.134	0.983	0.874	2.487	6.194	5.48	10.97	1.056	13.44

根据测试性参数的求解方法,对比传统多信号流图与条件概率多信号流图所求取的故障检测率、故障隔离率与虚警率,其结果如表 2-11 所示。在进行虚警率计算时假设各测试的使用频次相同,即每次故障设置时均检测所有测试点。

表 2-11 测试性参数值的计算结果比较

测试性参数	传统多信号流图	条件概率多信号流图
故障检测率	100%	98.93%
故障隔离率(模糊度 $L=1$)	63.6%	45.51%
虚警率	—	1.89%

经过对比,该方法具有以下三个特点:

(1)得到的测试性指标有所降低,这是由测试中存在不确定性造成的;

(2)该方法可以对虚警率进行计算,弥补了传统多信号流图模型的缺陷;

(3)由于考虑到实际测试中故障与测试的不确定关系,其分析更加符合实际情况,这也是本书提出该方法的主要原因。

2.5 考虑任务成功性的测试性评价方法

维修体制改革的目标之一就是使装备在使用时发生故障后能快速生成战斗力。如果装备的某些故障能够检测、隔离但无法维修,在使用时仍然无法达到任务再生(战斗力再生)的目的,那么对于能够检测到的故障还应考虑能否修复的问题。因此,需要从实际作战条件下的使用需求出发,综合考虑测试与维修因素,评价测试对装备任务再生水平的影响。

田仲分析了 BIT 对可靠性、维修性的影响,对 BIT 的故障率 λ_{B}、BIT 的虚警率 λ_{BFA} 与系统的平均故障时间(MTBF)、BIT 的故障检测率 λ_{BFD}、λ_{BFA} 与 MTBF、λ_{BFA} 与系统故障率 λ_{S}、以及 BIT 与平均故障修复时间(MTTR)之间的关系进行了详细的定量分析;韩坤、何成铭等对以提高系统效能为目标的装甲车辆限制平均生存时间(RMST)进行了研究,从任务剖面、系统效能模型、战备完好率、任务可信度等方面给出了基于比较的权衡分析方法和基于灵敏度指标的权衡分析的定量分析方法。这些研究的目的均是为了分析测试性与 RMS 之间的关系,为提高装备作战使用效率提供定量参考。

2.5.1 测试性与任务成功性关系分析

装备在使用时的维修级别(资源)关系到其发生故障后的任务再生能力(战斗力再生水平),直接对作战效果产生重大影响。装备执行任务的一个重要参数为任务成功度(或称为任务可信度),其含义为系统能够成功执行任务的能力。

任务成功度公式为

$$D(t)=R_{\mathrm{M}}+(1-R_{\mathrm{M}})\cdot\gamma_{\mathrm{FD}}\cdot M_0=R_{\mathrm{M}}+\overline{R}_{\mathrm{M}}\cdot\gamma_{\mathrm{FD}}\cdot M_0 \tag{2-28}$$

式中,R_{M} 为任务可靠度;$\overline{R}_{\mathrm{M}}=1-R_{\mathrm{M}}$;$\gamma_{\mathrm{FD}}$ 为故障检测率;M_0 为任务维修性。

其含义为装备在执行作战任务时具有发生故障的可能性,在所处维修级别的保障条件下也具有一定水平的故障修复能力使其重新投入战斗,则在某时刻 t 装备的任务成功度为 $D(t)$。在《可靠性维修性保障性术语》(GJB 451A—2005)中,任务可靠度 R_{M} 的定义为在规定的任务剖面完成规定任务的能力;任务维修性 M_0 的定义为在规定的任务剖面中,经维修能保持或恢复到规定状态的能力,可理解为在规定的维修级别上,在规定的时间内能被修复的故障与所有故障的比例。

在这里定义任务再生度为

$$D'(t)=\overline{R}_{\mathrm{M}}\cdot\gamma_{\mathrm{FD}}\cdot M_0 \tag{2-29}$$

其含义为装备发生故障后,经测试、维修后重新投入使用的能力。

由式(2-29)可知,如果在 $\overline{R}_{\mathrm{M}}$ 确定的条件下,影响任务再生度的关键参数为故障检测率 γ_{FD} 和任务维修性 M_0。

2.5.2 测试性新参数及其评价方法

在测试维修一体化的要求下,可将 γ_{FI} 和 M_0 统一考虑,在此提出一个新的测试性参数:具有维修力的测试。

定义 1 具有维修力的测试

在相应维修级别上,某些测试能够检测并隔离故障,并且这些故障在现有条件下可以被修复,那么这样的测试就叫作具有维修力的测试。

这些测试就是能够检测并隔离可修复故障的测试,相当于综合考虑了维修性的影响,是对测试属性的扩展,体现的是测试的质量。具有维修力的测试用符号 t_{m} 表示,其集合可称为具有维修力的测试集,用 T_{m} 表示,T_{m} 是 t_{m} 的集合,$T_{\mathrm{m}}=\{t_{\mathrm{m},1},t_{\mathrm{m},2},\cdots,t_{\mathrm{m},n'}\}$,$n'$是具有维修力测试的数量。

在此,建议将“具有维修力的测试”作为一个新测试性参数加入测试性参数体系中,并对其占总测试数目的比例进行要求,作为衡量该参数的指标。其含义体现在测试维修的效率,是对测试质量和装备任务成功度(装备保障能力和战斗力再生水平)的一个衡量。同时,这里给出该参数的衡量指标:具有维修力的测试比例。

定义 2　具有维修力的测试比例

具有维修力的测试与所有测试数量之比,反映了测试维修质量、效率的大小。

具有维修力的测试比例用符号 γ_{TM} 表示,其数学表达为

$$\gamma_{TM} = \frac{|T_m|}{|T|} \times 100\% \tag{2-30}$$

建议将任务成功度公式中的故障检测率 γ_{FD} 更换为故障隔离率 γ_{FI},因为只有在故障被隔离后才能进行维修活动,所以采用故障隔离率更加合理,则任务成功度公式可改写为

$$D(t) = R_M + \overline{R}_M \cdot \gamma_{FI} \cdot M_0 \tag{2-31}$$

对式(2-30)进行推导变形:

$$\gamma_{TM} = \frac{|T_m|}{|T|} = \frac{N_{T_{FI}} \cdot M}{N_T} = \frac{N_{T_{FI}}}{N_T} \cdot M \approx \gamma_{FI} \cdot M \tag{2-32}$$

式中,$N_{T_{FI}}$ 是故障隔离用到的测试的数量;N_T 是总测试数量;M 是故障的修复比例。

由于 M_0 与 M 具有相同的含义和效果,在式(2-31)中可认为 $\gamma_{FI} \cdot M_0 \approx \gamma_{TM}$。那么式(2-31)改写为

$$D(t) = R_M + \overline{R}_M \cdot \gamma_{TM} \tag{2-33}$$

那么任务的再生度公式可以改写为

$$D'(t) = \overline{R}_M \cdot \gamma_{TM} \tag{2-34}$$

由此可以看出,装备发生故障后,具有维修力的测试比例决定了装备的任务再生度。

用符号 E_R 表示装备的再生水平,$E_R = \gamma_{FI} \cdot M$。$E_R$ 表示可以隔离并维修的故障比例,反映了装备发生故障后的再生水平。而 $E_R = \gamma_{FI} \cdot M \approx \gamma_{TM}$,也从侧面反映了装备发生故障后能够重新使用、生成战斗力的能力,对装备系统论证、测试维修与使用保障具有很好的参考作用。

案例分析

仍然使用 2.3.3 节中的案例。在使用时(基层级)该装备经过测试隔离的 65 个故障中,有 57 个故障可通过更换备件和简单维修的方式实现修复,剩余 8 个故障在基层级无法修复,需要转向基地级。可修复的 57 个故障所用到的测试数量为 63 个,总测试数量为 73 个,那么具有维修力的测试比例为 $\gamma_{TM} = 86.3\%$,可认为装备的任务再生能力为 86.3%。各维修级别上的 γ_{TM} 值如表 2-12 所示。

表 2-12 各维修级别上的 γ_{TM} 值

维修级别	故障总数	可修复故障	可修复故障用到的测试数量	总测试数量	γ_{TM}
基层级	65	57	63	73	86.3%
基地级	127	127	139	139	100%

由此可知,该测试性参数反映了装备的测试维修水平,是装备发生故障后任务再生能力的一种体现。这对今后的测试性工作也提出了新的要求:装备在使用时所处的维修级别是影响任务再生能力的关键,那么就必须以提高使用时的保障水平为目标,对不可测试、不可维修的部分进行改进设计或者优化资源配置,解决备件储供问题,提高使用时的测试质量,从而提高装备使用时的任务再生能力。

2.6 本章小结

本章通过对设计资料进行分析,建立了装备的属性模型,分别从装备的物理属性和故障属性两个方面对测试性进行了定量评价;考虑维修级别对测试性信息的影响,建立了层次多信号流图模型,研究测试性评价方法;在多信号流图模型的基础上,研究了测试不确定性情况下基于条件概率的测试性定量评价方法。探讨了一种考虑任务成功性的测试性评价方法,为评价装备的任务再生能力提供了参考。

第3章

基于仿真与实物试验数据的测试性综合验证评价方法

3.1 引 言

基于实物的测试性验证试验存在某些故障无法注入、故障注入成本高以及故障注入后可能损坏装备的问题,导致现场实物的测试性试验数据为小子样数据。对小子样数据进行统计分析时,经典的统计方法不再适用,要使用能够融合其他先验信息的综合评价方法。测试性试验中也经常使用仿真模型、半实物模型或虚拟样机技术代替装备的某些系统或模块进行故障注入,以获取装备的测试性仿真试验数据。这些测试性仿真试验数据从一定程度上反映了装备的实际测试性水平,而且这些仿真试验数据可以大量获取。仿真试验数据与实物试验数据是测试性信息维度上最重要的信息,本章主要研究融合两种信息的测试性综合验证评价方法,为有效评价装备的测试性水平提供了一种新途径。

3.2 基于仿真与实物试验数据的测试性验证评价方案

进行测试性试验的基本方法是对装备进行故障注入,采用规定的测试资源进行检测,对检测结果进行统计分析得到装备的测试性水平。

但装备实物的故障注入试验存在以下问题:

(1)在研和新列装的电子装备数量少,使用大数定律的统计方法进行测试性试验,缺乏足够的时间和样本量,而且装备高可靠性的设计使得自然发生的故障数量少;

(2)新型复杂装备集成度高、结构复杂、测试难度大、费用高;

(3)实物故障注入会对装备造成损坏,影响装备的列装使用,风险大。

随着建模仿真技术的发展,装备测试性仿真试验成为测试性评价工作的重要发展方

向,测试性仿真试验具有实物试验所不具有的优点:

(1)基本上不受可访问性的限制,可将故障注入任何位置,避免了对装备故障注入的局限性;

(2)基本不需要辅助设备及系统接口,也避免了硬件的损坏;

(3)易改动、可重复、费用低,可获取大量试验数据。

根据以上分析,装备现场实物试验数据较少,属于小子样的情况,所以使用小子样的贝叶斯方法对试验数据进行处理。该方法的本质是通过使用先验信息来弥补小子样实物试验数据的不足,减少验证试验所需的故障样本量,在较少试验数据的情况下得到更加准确的测试性验证结论。所以,综合使用仿真与实物试验数据进行贝叶斯综合评价成为解决问题的有效途径。

基于上述思想建立的仿真与实物试验相结合的测试性综合验证评价总体方案如图 3-1 所示。基于仿真与实物试验相结合的测试性综合验证评价的关键技术有:仿真模型的建立、基于仿真试验的测试性数据获取、小子样的贝叶斯综合评价方法。

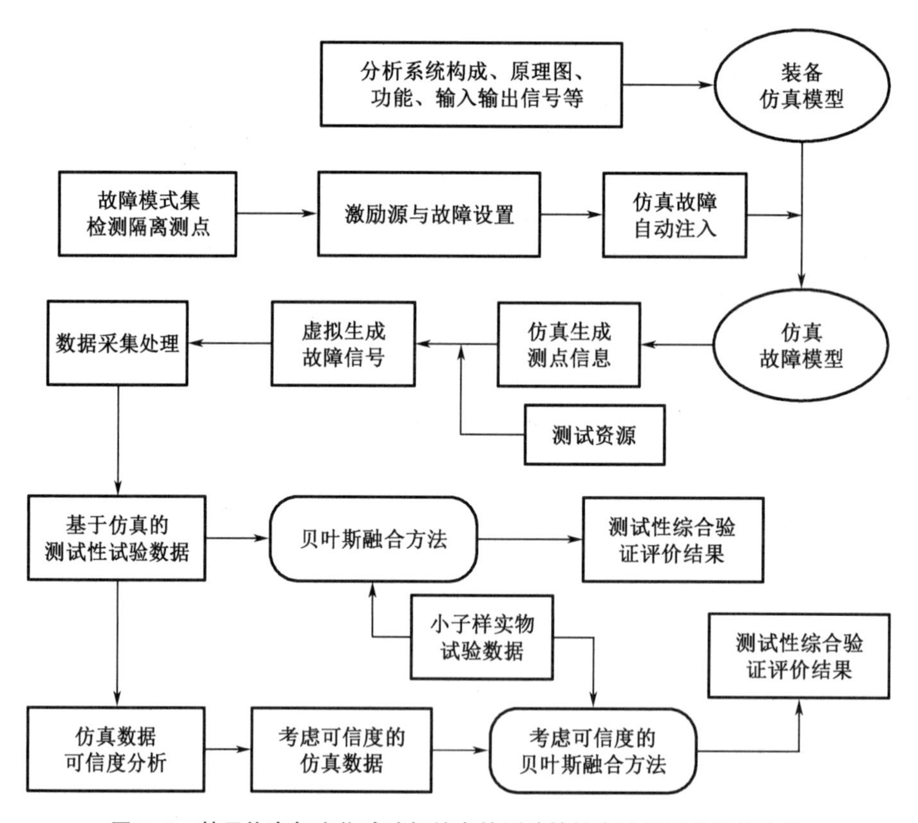

图 3-1 基于仿真与实物试验相结合的测试性综合验证评价总体方案

该方案的具体实施过程为:首先,对需要分析的对象(系统或单元)建立仿真模型,依据可靠性分析得到的仿真故障模式库,使用仿真故障注入以及虚拟测试的方法获取仿真的测试性试验信息。其次,设计实物的测试性试验方案,通过物理的故障注入方式获取小子样实物试验数据。最后,将仿真数据作为验前信息,结合实物试验数据使用贝叶斯方法进行融合,得到测试性综合评价结果。

3.2.1 装备测试性仿真试验技术

装备测试性仿真试验主要由以下几项重要内容组成:

(1)装备仿真模型的建立;

(2)装备故障模型的建立;

(3)故障模式集的选择与故障注入;

(4)测试资源。

对于仿真模型的使用,要考虑建立模型的好坏,这不仅关系到故障注入的效果而且也关系到故障检测与隔离数据的可信度,对测试性评价结果有直接影响。

3.2.1.1 装备仿真模型的建立

对于大型复杂电子装备,其仿真模型的建立,可采用模块化、层次化的思想,使用宏建模技术,对某个系统或分系统进行建模。本书使用 PSpice 软件作为仿真软件,对复杂装备采用模块化和层次化的设计,将其分解为若干块子电路,利用 Capture 绘图模块在一张绘图页内完成系统模型的建立和仿真。

模块化设计的实现步骤是:将装备整体电路依其结构与功能分割成合适的子电路;分别对各子电路进行绘制,完成所有子电路的建模;通过连接属性将它们组合起来,形成整体电路。各子电路都需要经过完整的设计,因此每个子电路用“块”表示,可在不同的地方重复使用,这就是模块化的含义。模块化与层次化示意图如图 3-2 所示。

层次化结构是对电路在垂直方向进行“分割”,每个模块可以由几个内部模块组成,一直“分割”到最底层模块,形成层次化结构。PSpice 软件通过层间的输入/输出端口、层次方块和层次管脚实现逻辑上的互联互通,其示意图如图 3-3 所示。

3.2.1.2 基于仿真的故障模型的建立

使用可靠性分析资料、设计资料、专家经验等信息,获取装备的故障模式、故障位置等信息,在仿真的环境下建立故障模型,进行仿真的故障注入。进行故障仿真时,要将电路故障仿真模型转化成 PSpice 可识别的对象,才能在 PSpice 仿真环境下实现故障模型的建立。建立故障仿真模型需要解决以下问题:

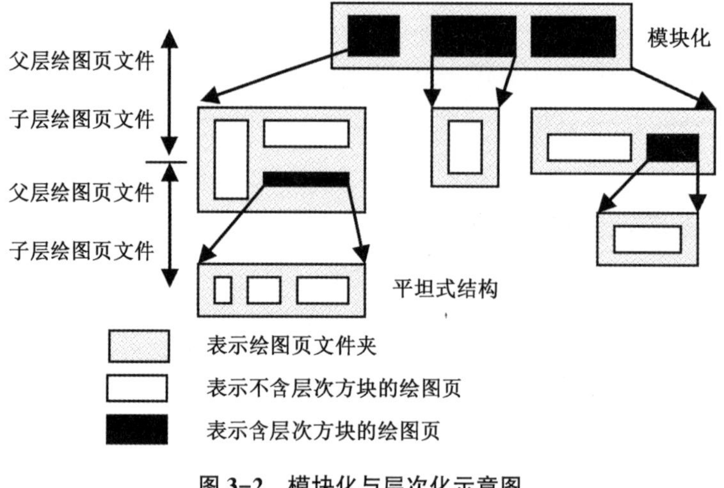

图 3-2　模块化与层次化示意图

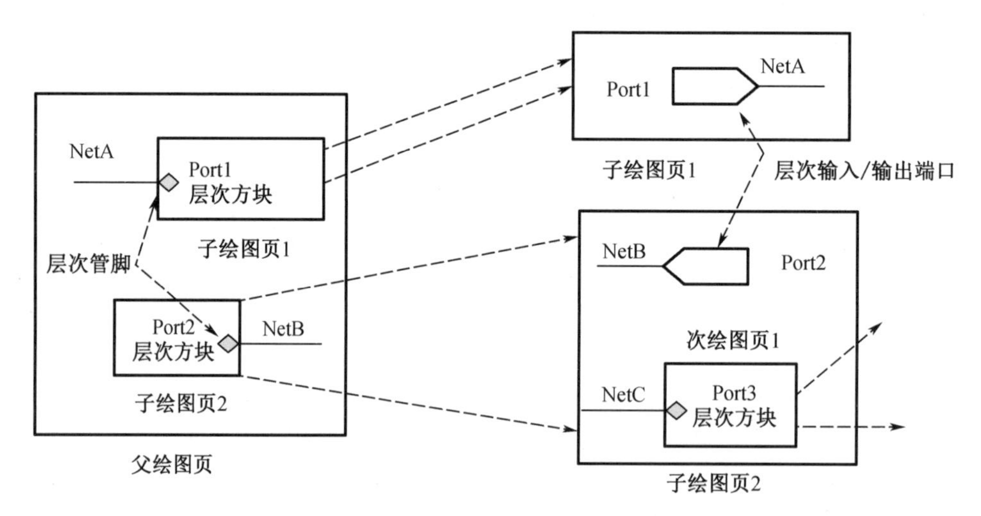

图 3-3　层次方块、层次管脚与层次输入/输出端口示意图

(1)元器件级的故障建模

仿真模型应该能够准确表达各元器件故障模式的功能行为，达到表现该故障模式的效果，实现途径有以下两种：

①重组法。将正常的元器件模型附加一个其他元器件模型，这种“重新组合”得到的模型能够表示原有元器件的故障行为，这种方法就是重组法。例如，在三极管管脚串联一个大电阻就代表其开路的故障模式。

②替换法。在仿真环境中对原有元器件的某些特性参数进行修改，或者直接使用其他元器件替换原有元器件，使其达到“发生”故障的效果，这种方法就是替换法。例如，元器件的参数漂移故障，就是将原有元器件的相应参数进行修改。

(2)仿真条件下的故障宏模型

对于大型复杂电路或者无法了解其内部结构的电路,需要使用功能故障宏模型的方法解决“黑匣”问题,同时建立故障宏模型可以降低故障模型的复杂度。仿真故障宏模型是指,故障模块的宏模型可以把系统中较为复杂的故障模式用等效替代的方法进行简化,只考虑输入/输出特性的近似建模方法。

宏模型主要有以下几种形式:

①行为级宏模型,即电路模拟行为建模,往往采用子电路的形式来描述。

②数学宏模型,用简单的数学表达式,如多项式和代数方程等来描述电路的输入/输出函数关系。

③表格宏模型,将模拟电路中端口非线性的实际测量数据制成表格,供计算机仿真时直接调用。

(3)层次故障的建模

进行测试性试验时要确定指定层次的分析对象(电路),因此需对层次性的故障进行建模,结合装备的物理特性与故障建模特性,采用图 3-4 所示的由下而上,即从底层的元器件故障向上直到分系统故障的故障仿真策略。这种方法在建立模块故障模型之后,对各个层次级别的电路进行故障仿真建模,可以灵活使用。

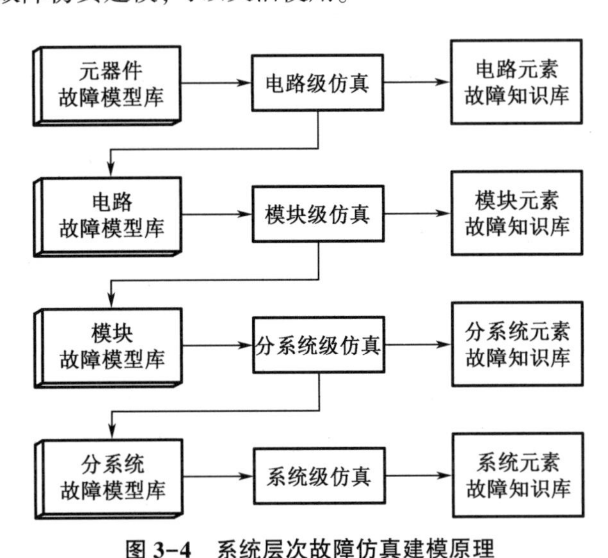

图 3-4　系统层次故障仿真建模原理

3.2.1.3　基于仿真模型的自动化故障注入技术

仿真故障注入方法的显著优点是:可以尽早建立装备的电路仿真模型并进行故障注入,不仅降低了装备测试性建模的成本,而且加快了测试性工作的进程。故障注入的过程是:首先要确定注入的具体故障模式、故障模式数量、故障位置等;之后使用仿真故障模型代替原有的正常模型,施加相应的激励即可完成。

测试资源也是故障诊断及试验数据的获取的关键条件,维修级别的不同,可能配置的测试资源也不同,这直接决定了对注入的故障进行检测与诊断的结果,因此测试资源的选择与配置也是影响装备测试性评价结果的一个重要因素。对象发生故障后使用相应的测试资源进行检测/隔离,将检测/隔离结果与故障注入的信息进行对比分析,经过统计得到相应的 FDR/FIR 等测试性参数指标,实现对系统测试性水平的评价。

通常要注入多个故障,手动故障注入的方式费时费力,所以必须提高故障注入的自动化水平。本书研究了基于仿真模型的故障自动化注入方法,开发出具有“故障选择、故障注入、故障移除、故障仿真、信息提取、故障判断”等功能的仿真故障注入自动控制系统,其框图如图 3-5 所示。该系统可实现故障注入操作的自动化,并获取大量的测试性仿真试验数据,大大提高了故障注入的灵活性和自动化水平。

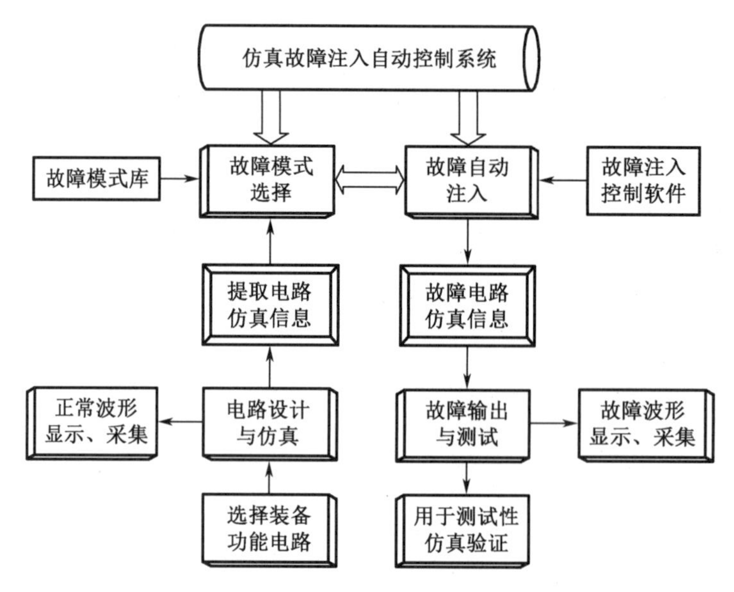

图 3-5　仿真故障注入自动控制系统框图

3.2.1.4　故障自动注入案例

将本书研究的仿真故障注入方法在椭圆滤波器(elliptical filter)电路中进行应用,以判断故障注入的正确性,主要从以下两个方面进行判断:

(1)网表中元器件的参数是否发生变化。如果发生变化则代表故障是成功注入的,仿真时对故障的模型进行仿真;

(2)对故障模型进行仿真得到的信号波形是否发生变化。如果故障注入成功,则其波形是发生故障后的波形。在 PSpice 软件中对椭圆滤波器电路进行仿真,其电路如图 3-6 所示。

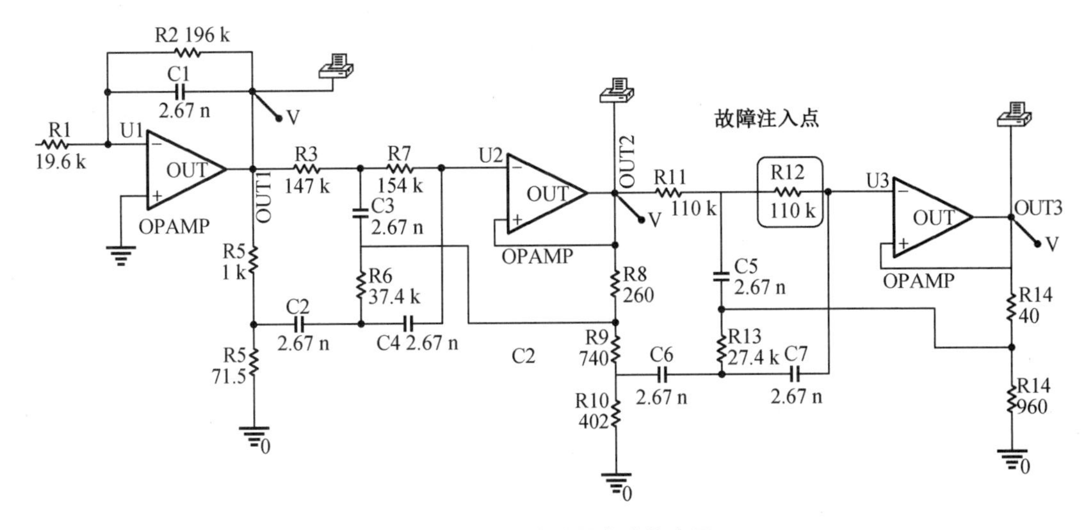

图 3-6　椭圆滤波器电路仿真图

该电路为多阶低通滤波器,在正常电路情况下进行频率特性扫描的电路仿真,得到 U1、U2、U3 三个运算放大器的输出分别为 OUT1、OUT2、OUT3,其频率特性曲线如图 3-7(a)所示,可以看出从 U1 到 U3 的滤波效果逐步增强,U3 的输出已基本接近理想低通滤波器。在图中所示的故障注入位置(电阻 R12 处)进行故障注入。故障模式为“R12 短路”,该故障模式的语句为 R_R12_FaultShort N03111 N03142 Rbreak 0.001 μ。之后对故障电路进行仿真,再次获取 U3 的输出波形,如图 3-7(b)所示。

可以看出,故障注入后第三级的滤波器滤波功能(OUT3)明显减弱,和第二级的滤波器滤波功能(OUT2)接近,与理论分析相一致,说明了故障注入的正确性。为进一步确认故障注入的正确性,在 PSpice 软件内分别观察故障注入前、后的电路网表,找到 R12 的描述语句,可以看出故障注入前后其阻值的变化。电路网表如图 3-8 所示。

装备的测试性仿真试验数据可以大量获取,为防止大量的仿真数据“淹没”实物小子样数据,要考虑仿真数据量、仿真数据可信度对融合结果的影响,研究考虑仿真可信度的测试性综合验证评价方法。

3.2.2　抽样方案与验证评价方法

抽样的目的是为了检验产品是否符合规定的要求。对于测试性验证试验来说,就是抽取装备的故障样本,并对故障样本进行检测/隔离,按照统计模型对检测结果进行分析,判断装备的测试性水平。当前,抽样方案的制定一般采用 MIL-STD-471A 通知第 2 部分和《设备可靠性试验成功率的验证试验方案》(GB/T 5080.5—1985)的方法等。考虑到在目前测试性验证试验中,产品的故障样本数量较少,本书以二项分布为基础开展验证评价方法的研究。

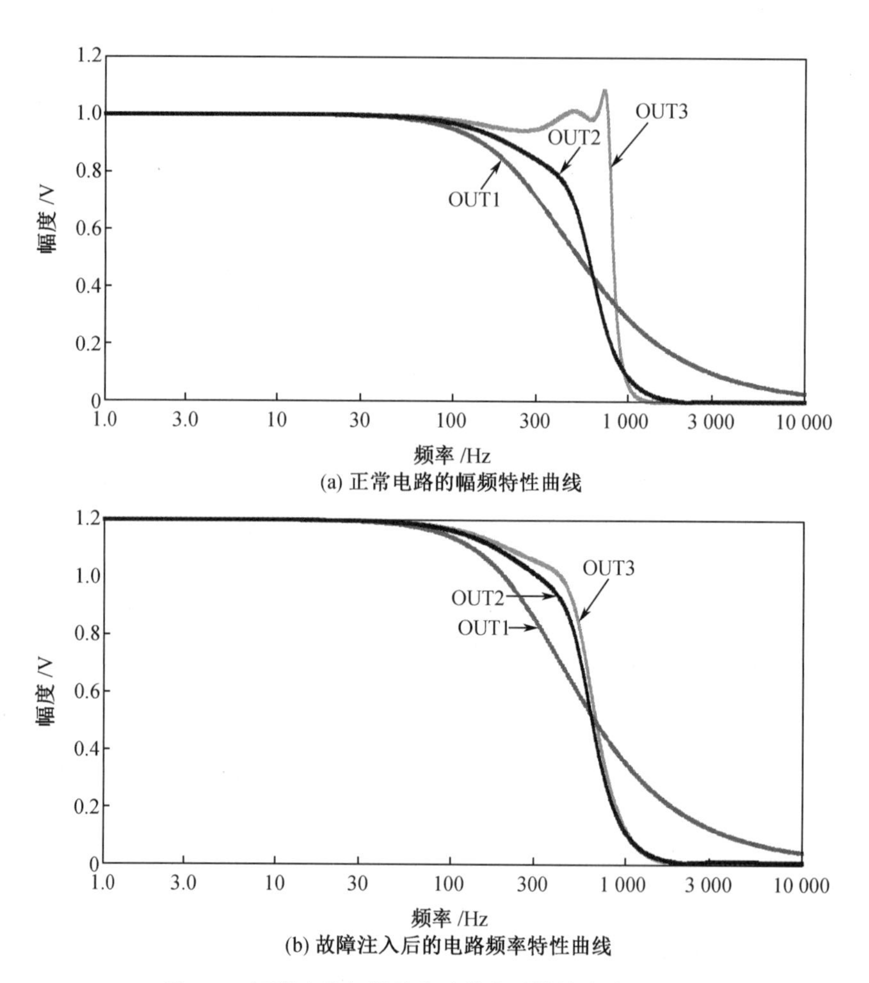

(a) 正常电路的幅频特性曲线

(b) 故障注入后的电路频率特性曲线

图 3-7　正常电路与故障电路仿真后的输出波形对比

```
R_R3     OUT1 N01734 Rbreak 147k
R_R17     N070101 N07176 Rbreak 10k
R_R12     N03111 N03142 Rbreak 110k
C_C2     N01897 N01963 Cbreak 2.67n
```

```
C_C1     N02088 OUT1 Cbreak 2.67n
R_R3     OUT1 N01734 Rbreak 147k
R_R17     N070101 N07176 Rbreak 10k
R_R12_FaultShort  N03111 N03142 Rbreak  0.001u
C_C2     N01897 N01963 Cbreak 2.67n
```

图 3-8　正常电路与故障电路的网表

3.2.2.1　测试性验证试验抽样方案

进行测试性验证试验时,故障的检测/隔离结果只有两种情况:成功或者失败,而且各次试验结果相互独立,这样的试验称为成败型试验。

(1)成败型数据模型

对于故障注入试验，结果有检测到故障(成功)或者未检测到故障(失败)两种，因此验证试验数据为成败型数据，服从二项分布，即

$$P(p \mid n,f) = C_n^f p^f (1-p)^{n-f} \tag{3-1}$$

式中，C_n^f 为二项系数，$C_n^f=\frac{A_n^f}{f!}=\frac{n!}{(n-f)!\,f!}=\frac{n\times(n-1)\times\cdots\times(n-f+1)}{f\times(f-1)\times\cdots\times1}$。

(2)抽样特性曲线

成败型试验定数抽样检验方案为：抽取 n 个样本进行试验，其中有 f 个试验失败。规定一个正整数 C，如果 $f\leqslant C$，则认为该批产品合格；如果 $f>C$，则认为该批产品不合格，判定拒收。其试验方案即为 (n,C)。

对于给定的抽样方案，表示接收概率与批质量水平的函数关系的曲线叫作抽样特性曲线(operating characteristic curve)，简称 OC 曲线。设该批产品质量水平为 Q，相应的抽样方案的接收概率为 $L(Q)$，则 OC 曲线即为 $L(Q)-Q$ 曲线。

使用方对产品的质量水平有一个最低要求 Q_1，比 Q_1 更差的产品是不能接收的，Q_1 叫作极限质量(limiting quality，LQ)，也叫最低可接收值。如果 Q 代表产品质量，其水平可用 q 来表示，也叫作批容许不合格率(lot tolerance percent defective，LTPD)。由于是抽样检验，Q 比 Q_1 还差的批次产品还是有可能接收的，但概率不能大，因此 $L(Q)$ 也不能大。使用方确定一个较小的概率 β，$L(Q_1)=\beta$，β 叫作使用方风险，Q_1 也叫作使用方风险质量(consumer's risk quality，CRQ)。生产方的实际生产质量水平应在比 Q_1 好的 Q_0 水平左右，而且拒收概率 $1-L(Q_0)$ 应较小。确定一个较小的概率 α，使 $1-L(Q_0)=\alpha$，α 叫作生产方风险(producer's risk，PR)，Q_0 叫作生产方风险质量(producer's risk quality，PRQ)。Q_0 也叫作可接收质量水平(acceptable quality level，AQL)，相应于 Q_0 的风险 α 是生产者可接受的。OC 曲线及其典型点见图 3-9 所示。

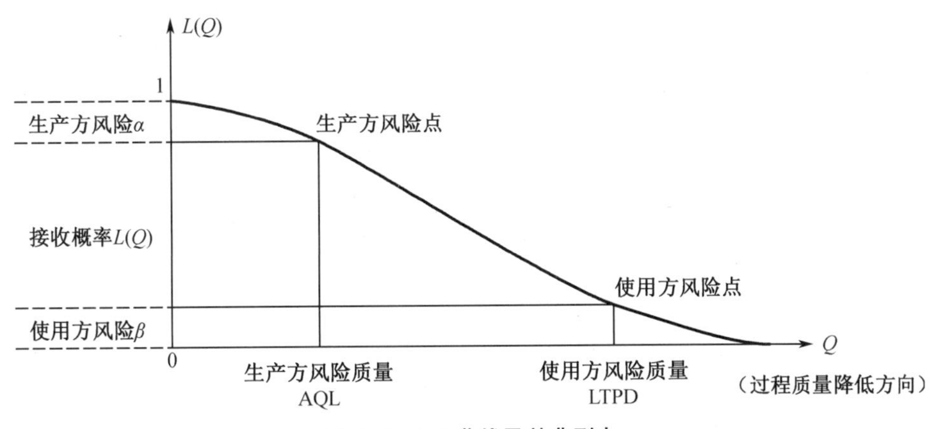

图 3-9　OC 曲线及其典型点

假设使用方提出的极限质量失败率为 q_1，相应的风险为 β；生产方提出了可接收质量水平失败率为 q_0，相应的风险为 α，则求解相应失败率(成功率)的计数一次抽样验收方案就是要确定 n、C，记为 (n,C)。

当批产品的成功概率为 q 时，出现失败次数为 F 时的概率为

$$P(q \mid n,F) = C_n^F q^{n-F}(1-q)^F \tag{3-2}$$

那么，其接收概率 $L(q)$ 为

$$L(q) = \sum_{F=0}^{C} P(q \mid n,F) \tag{3-3}$$

其含义为结果出现失败的次数小于 C 的概率之和，即 $F=0,1,\cdots,C$ 的概率之和。

当 $q=q_1$ 时，接收概率应为 β；当 $q=q_0$ 时，拒收概率 $1-L(q)$ 应为 α。从而应有

$$\begin{cases} L(q_1) = \sum_{i=0}^{C} P(q_1 \mid n,F) = \beta \\ 1 - L(q_0) = 1 - \sum_{F=0}^{C} P(q_0 \mid n,F) = \alpha \end{cases} \tag{3-4}$$

解此联立方程，即得 n、C。但 n、C 应为正整数，上述联立方程的解不一定能确切满足，使实际抽样方案的生产方风险、使用方风险不一定能精确地为 α、β，可记为 α'、β'，只要满足 $\alpha' \leqslant \alpha$，$\beta' \leqslant \beta$ 即可，所以在确定抽样方案 (n,C) 时应满足：

$$\begin{cases} \beta' = L(q_1) = \sum_{F=0}^{C} P(q_1 \mid n,F) \leqslant \beta \\ \alpha' = 1 - L(q_0) = 1 - \sum_{F=0}^{C} P(q_0 \mid n,F) \leqslant \alpha \end{cases} \tag{3-5}$$

令 $D=(1-q_1)/(1-q_0)$，D 叫作鉴别比，鉴别比越大，则 q_1 与 q_0 之间的差距越大。式(3-5)具有无穷多组解，可通过查表获得。

(3)抽样方案对比

由于 FDR/FIR 的定量要求参数不同，即 q_0、q_1 要求值不同，因此确定的抽样方案也不同，需要根据要求来确定抽样方案 (n,C)。

若有(30,4)、(39,5)和(50,6)三种不同的抽样方案，并规定 FDR/FIR 要求值为 $q_0=0.9$，最低可接收值为 $q_1=0.8$，生产方、使用方风险承受能力 $\alpha=\beta=20\%$，采用以上三种抽样方案时，图 3-10 给出了相应的 OC 曲线和使用方与生产方分别承受的最大实际风险。通过计算得到实际的生产方风险、使用方风险，见表 3-1。

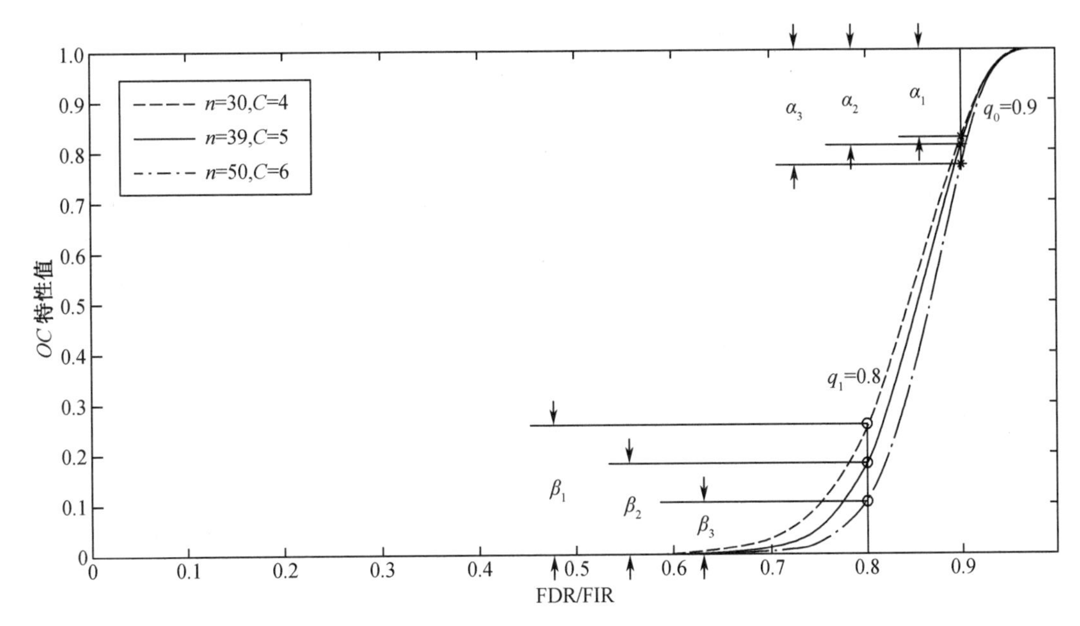

图 3-10　三种不同抽样方案下的 *OC* 曲线示意图

表 3-1　三种抽样方案下的实际双方风险

抽样方案(n,C)	实际的双方风险 α' 与 β'
(30,4)	α'_1=0. 175 5,β'_1=0. 255 2
(39,5)	α'_2=0. 192 3,β'_2=0. 180 0
(50,6)	α'_3=0. 229 8, β'_3=0. 033 4

分析:采用(30,4)抽样方案时,实际生产方风险 α'_1=0. 175 5<α,符合条件,实际使用方风险 β'_1=0. 255 2>β,超出范围,是使用方不能接受的方案;采用(50,6)抽样方案时,实际使用方风险 β'_3=0. 033 4<β,符合条件,实际生产方风险 α'=0. 229 8>α,超出范围,是生产方不能接受的方案;采用(39,5)抽样方案时,实际生产方风险 α'_2=0. 192 3<α,符合条件,实际使用方风险 β'_2=0. 180 0<β,符合条件,是双方都能接受的方案。

3. 2. 2. 2　测试性参数的估计方法

在成败型试验数据的情况下,依据测试性参数的定义,使用概率统计的方法求取测试性指标。主要的估计方法有:点估计与区间估计。

(1)点估计

在成败型试验中,试验次数为 N,试验失败次数为 F,成功次数为 $S=N-F$,则成功概率

的点估计值为

$$\hat{q}=\frac{N-F}{N}=\frac{S}{N} \tag{3-6}$$

点估计方法计算方便,但只有 N 足够大时点估计值才会接近实际真值,当 N 较小时,点估计值与实际真值差别较大。

(2)区间估计

区间估计根据试验结果找出一个区间$(q_{\mathrm{L}},q_{\mathrm{U}})$来描述估计的精确性。用一个小数 ϑ 表示估计的把握性,ϑ 称为置信度。区间估计有两种形式:单侧置信下限估计与双侧置信区间估计。

①单侧置信下限估计

在测试性参数估计中,q 的置信上限越大越好,只需确认置信下限 q_{L} 是否太低即可。为此采用单侧置信下限估计,根据已有数据得到一个区间$(q_{\mathrm{L}},1)$使下式成立:

$$P(q_{\mathrm{L}}\leqslant q\leqslant 1)=\vartheta \tag{3-7}$$

对于二项分布来说,使用下式确定 q 的单侧置信下限 q_{L}:

$$\sum_{i=0}^{F}C_N^i q_{\mathrm{L}}^{N-i}(1-q_{\mathrm{L}})^i=1-\vartheta \tag{3-8}$$

②双侧置信区间估计

如果想要了解测试性水平的所在范围,可以采用双侧置信区间估计的方法,在区间$(q_{\mathrm{L}},q_{\mathrm{U}})$内使 $P(q_{\mathrm{L}}\leqslant q\leqslant q_{\mathrm{U}})=\vartheta$ 成立。对于二项分布来说,可由以下两式确定:

$$\sum_{i=0}^{F}C_N^i q_{\mathrm{L}}^{N-i}(1-q_{\mathrm{L}})^i=\frac{1}{2}(1-\vartheta) \tag{3-9}$$

$$\sum_{i=F}^{N}C_N^i q_{\mathrm{U}}^{N-i}(1-q_{\mathrm{U}})^i=\frac{1}{2}(1-\vartheta) \tag{3-10}$$

而式(3-10)可变化为 $\sum_{i=0}^{F-1}C_N^i q_{\mathrm{U}}^{N-i}(1-q_{\mathrm{U}})^i=1-\frac{1}{2}(1+\vartheta)$,故上述两式变化为以下形式:

$$\begin{cases}\sum_{i=0}^{F}C_N^i q_{\mathrm{L}}^{N-i}(1-q_{\mathrm{L}})^i=1-\frac{1}{2}(1+\vartheta)\\ \sum_{i=0}^{F-1}C_N^i q_{\mathrm{U}}^{N-i}(1-q_{\mathrm{U}})^i=\frac{1}{2}(1+\vartheta)\end{cases} \tag{3-11}$$

在给定置信度 ϑ 时,对应 $1-\frac{1}{2}(1+\vartheta)$ 可由(N,F)查表得到置信下限 q_{L} 的值;对应 $\frac{1}{2}(1+\vartheta)$ 可由$(N,F-1)$查表得到置信上限 q_{U} 的值。

(3)分布的等效关系

①贝塔分布的估计值与置信度关系

对于贝塔函数 B(a,b),其公式为

$$\mathrm{B}(a,b)=\int_0^1 t^{a-1}(1-t)^{b-1}\mathrm{d}t \tag{3-12}$$

贝塔分布 $Be(a,b)$的公式为

$$Be(x;a,b)=\frac{1}{\mathrm{B}(a,b)}\int_0^x t^{a-1}(1-t)^{b-1}\mathrm{d}t \tag{3-13}$$

式中,$0<x<1$;$a,b>0$。

贝塔分布存在以下关系:

$$Be(x;a,b)=1-Be[(1-x);b,a] \tag{3-14}$$

对于公式

$$\begin{aligned}&\frac{1}{\mathrm{B}(F+1,N-F)}\int_{p_\mathrm{L}}^1 t^F(1-t)^{N-F-1}\mathrm{d}t=\\&\frac{1}{\mathrm{B}[F,N-(F-1)]}\int_{p_\mathrm{L}}^1 t^{F-1}(1-t)^{N-(F-1)-1}\mathrm{d}t+\\&\frac{N!}{F!\ (N-F)!}p_\mathrm{L}^F(1-p_\mathrm{L})^{N-F}\end{aligned} \tag{3-15}$$

进一步有

$$\begin{aligned}&\frac{1}{\mathrm{B}[F,N-(F-1)]}\int_{p_\mathrm{L}}^1 t^{F-1}(1-t)^{N-(F-1)-1}\mathrm{d}t=\\&\frac{1}{\mathrm{B}[F-1,N-(F-2)]}\int_{p_\mathrm{L}}^1 t^{F-2}(1-t)^{N-(F-2)-1}\mathrm{d}t+\\&\frac{N!}{(F-1)!\ [N-(F-1)]!}p_\mathrm{L}^{F-1}(1-p_\mathrm{L})^{N-(F-1)}\end{aligned} \tag{3-16}$$

以此类推得到

$$\frac{1}{\mathrm{B}(2,N-1)}\int_{p_\mathrm{L}}^1 t^1(1-t)^{N-2}\mathrm{d}t=\frac{1}{\mathrm{B}(1,N)}\int_{p_\mathrm{L}}^1 t^0(1-t)^{N-1}\mathrm{d}t+\frac{N!}{1!\ (N-1)!}p_\mathrm{L}^1(1-p_\mathrm{L})^{N-1} \tag{3-17}$$

$$\frac{1}{\mathrm{B}(1,N)}\int_{p_\mathrm{L}}^1 t^0(1-t)^{N-1}\mathrm{d}t=\frac{N!}{0!\ (N-0)!}p_\mathrm{L}^0(1-p_\mathrm{L})^N \tag{3-18}$$

从式(3-18)依次往回迭代至式(3-15),可以得到

$$\begin{aligned}\sum_{i=0}^{F}C_N^i p_\mathrm{L}^i(1-p_\mathrm{L})^{N-i}&=\frac{1}{\mathrm{B}(F+1,N-F)}\int_{p_\mathrm{L}}^1 t^F(1-t)^{N-F-1}\mathrm{d}t\\&=1-Be(p_\mathrm{L};F+1,N-F)\end{aligned} \tag{3-19}$$

如果使 $q_{\mathrm{L}}=1-p_{\mathrm{L}}$，并参考式(3-8)、式(3-14)和式(3-19)，得到

$$\sum_{i=0}^{F} C_N^i q_{\mathrm{L}}^{N-i}(1-q_{\mathrm{L}})^i=\frac{1}{\mathrm{B}(N-F,F+1)}\int_0^{q_{\mathrm{L}}} t^{N-F-1}(1-t)^F \mathrm{d}t=1-\vartheta \tag{3-20}$$

式(3-20)就是描述二项分布与贝塔分布之间关系的公式。如果得到的试验数据为(N,F)，那么以 ϑ 的置信度认为 $q>q_{\mathrm{L}}$，q_{L} 是 FDR/FIR 置信度为 ϑ 的单侧置信下限值。同时也可以看出，该式右侧是不完全贝塔函数 $I_x(z,w)$，其中 $x=q_{\mathrm{L}}$，$z=N-F$，$w=F+1$。

②F 分布的估计值与置信度关系

对于 F 分布，其随机变量为 Y，则概率分布函数为

$$F(y;n_1,n_2)=\frac{(n_1/n_2)^{n_1/2}}{\mathrm{B}(n_1/2,n_2/2)}\int_0^y t^{\frac{n_1}{2}-1}\left(1+\frac{n_1}{n_2}t\right)^{\frac{1}{2}(n_1+n_2)}\mathrm{d}t \tag{3-21}$$

如果使随机变量 $X=\left(1+\dfrac{n_1}{n_2}Y\right)^{-1}$，那么

$$F(y;n_1,n_2)=\frac{1}{\mathrm{B}(n_1/2,n_2/2)}\int_x^1 t^{\frac{n_2}{2}-1}(1-t)^{\frac{n_1}{2}-1}\mathrm{d}t=1-Be(x;n_2/2,n_1/2) \tag{3-22}$$

由式(3-14)可知

$$Be(1-x;n_1/2,n_2/2)=F(y;n_1,n_2) \tag{3-23}$$

结合式(3-23)与式(3-20)，同时由 $y=\dfrac{n_1}{n_2}\dfrac{1}{x-1}$ 得

$$\begin{aligned}\sum_{i=0}^{F} C_N^i p_{\mathrm{L}}^i(1-p_{\mathrm{L}})^{N-i}&=1-Be(p_{\mathrm{L}};F+1,N-F)\\&=1-F\left[\frac{F+1}{N-F}\frac{1-p_{\mathrm{L}}}{p_{\mathrm{L}}};2(F+1),2(N-F)\right]\end{aligned} \tag{3-24}$$

由式(3-23)与式(3-24)，并结合 $q_{\mathrm{L}}=1-p_{\mathrm{L}}$ 得

$$\frac{N-F}{F+1}\frac{1-q_{\mathrm{L}}}{q_{\mathrm{L}}}=F_{\vartheta}[2(F+1),2(N-F)] \tag{3-25}$$

式(3-25)通过变化得到置信度 ϑ 的置信下限还可以表示为

$$q_{\mathrm{L},\vartheta}=\frac{1}{1+[(F+1)/(N-F)]F_{\vartheta}(f_1,f_2)} \tag{3-26}$$

式中，$F_{\vartheta}(f_1,f_2)$为自由度 f_1、f_2 的 F 分布的下侧分位点，$f_1=2(F+1)$，$f_2=2(N-F)$。

同时存在关系 $F_{\vartheta}(f_1,f_2)=\dfrac{1}{F_{1-\vartheta}(f_2,f_1)}$，相应的数值可查表得到。

由上述等效分析可知，式(3-8)、式(3-11)、式(3-20)与式(3-26)描述了试验数据与FDR/FIR 估计值置信度的关系。不同的是，式(3-8)描述的是基于二项分布的单侧置信下限的 FDR/FIR 估计结果；式(3-11)描述的是基于二项分布的双侧置信区间的 FDR/FIR 估

计结果；式(3-20)描述的是基于贝塔分布的单侧置信下限的 FDR/FIR 估计结果；式(3-26)描述的是基于 F 分布的单侧置信下限的 FDR/FIR 估计结果。

3.2.2.3　系统测试性指标的计算

假设系统的 FDR/FIR 为 q_s，系统由 m 个分系统/可更换单元组成，分系统/可更换单元的 FDR/FIR 为 q_i。对于任何装备，其测试性指标都可以表示为系统、分系统/可更换单元测试性指标的函数，可记为

$$q_s = \varphi(q_1, q_2, \cdots, q_m) \tag{3-27}$$

那么计算系统测试性指标的公式为

$$q_s = \frac{\sum_{i=1}^{m} \lambda_i q_i}{\sum_{i=1}^{m} \lambda_i} \tag{3-28}$$

式中，λ_i 是第 i 个分系统/可更换单元的故障率。

随着装备研制工作的进行，通常由设计单位提供分系统/可更换单元的故障率数据，因此可将依据式(3-28)得到系统的测试性指标作为测试性综合验证评价的先验值。

3.2.2.4　接收/拒收的判定

测试性验证的目的就是确定产品的测试性是否符合规定的要求，判断一个产品是否达到要求(接收/拒收)的方法，取决于技术合同的规定和验证方案，验证方案是指进行验证所采取的试验方法。采取的试验方法不同，对试验数据的处理方式不同，得到的试验结果也不同。

因此，根据技术合同指标的表述方式和规定的置信度，使用测试性参数的估计方法，估计单侧置信下限，判定它是否大于等于最低可接收值；或者进行区间估计，判定它是否满足规定的置信区间要求。

3.2.3　贝叶斯理论知识

3.2.3.1　贝叶斯公式

连续形式的贝叶斯公式为

$$\pi(\theta \mid x) = \frac{L(\theta \mid x)\pi(\theta)}{\int_{\Theta} L(\theta \mid x)\pi(\theta)\mathrm{d}\theta} \tag{3-29}$$

式中,θ 为将要进行评价的参数;x 为样本观测值;$L(\theta \mid x)$ 为似然函数;$\pi(\theta)$ 为验前分布密度函数;Θ 为 θ 的取值范围。

在该公式中,$\pi(\theta)$ 是在进行试验之前就已经获取的验前分布情况,这种知识就称为验前信息,并且满足 $\int_{\Theta} \pi(\theta) \mathrm{d}\theta = 1$。验后分布 $\pi(\theta \mid x)$ 是验前信息、样本信息、总体信息的综合,是使用总体信息与样本信息对验前信息 $\pi(\theta)$ 的调整。

3.2.3.2 验前信息来源

由于装备试验样品少、产品的高可靠性设计以及测试设备的限制,导致装备的试验数据以及故障信息缺失,因此很有必要将验前信息利用起来,以指导现场试验或者作为现场试验的补充,所以验前信息的使用对装备的试验与评价起到关键的作用。

在贝叶斯理论中,验前信息主要有以下几种:

(1)历史试验信息;

(2)理论分析或仿真试验信息;

(3)工程技术专家提供的经验知识信息。

对于验前信息的使用,也要注意一些事项:试验产品需要保持技术状态的一致性。使用验前信息与现场试验信息时,产品的测试性水平没有发生改变,即验前信息与现场信息服从同一分布,两者是相容的、一致的,这也是贝叶斯小子样理论在应用时需要满足的条件。

3.2.3.3 验前分布的确定方法

对于试验数据的验前分布的确定,通常有以下几种方法:

(1)Bootstrap 方法。

(2)随机加权法。

(3)最大熵法。

(4)经验贝叶斯方法。

(5)共轭分布法。

工程上经常用到的共轭分布如表 3-2 所示。共轭分布的定义为设 θ 是总体分布中的参数,$\pi(\theta)$ 是 θ 的验前分布,如果后验分布 $\pi(\theta \mid x)$ 与验前分布 $\pi(\theta)$ 具有相同的函数形式,则称 $\pi(\theta)$ 是 θ 的共轭验前分布,即验前、验后的分布具有相同的形式。

表 3-2　工程上常用的共轭分布

总体分布	参数	共轭分布
二项分布	成功概率	贝塔分布 $Be(a,b)$
泊松分布	均值	伽马分布 $Ga(a,b)$
指数分布	失效率	伽马分布 $Ga(a,b)$
正态分布(方差已知)	均值	正态分布 $N(\mu,\tau^2)$
正态分布(方差未知)	方差	逆伽马分布 $IGa(a,b)$
正态分布	方差、均值	正态-逆伽马分布
瑞利分布	均值	伽马分布 $Ga(a,b)$
多项分布	$(\theta_1,\cdots,\theta_k)$	Dirichlet 分布 $D(\alpha_1,\cdots,\alpha_k)$

在 FDR/FIR 的验证评价试验过程中,结果只有两种情况:检测成功和检测失败。其总体分布为二项分布,采用的共轭分布为贝塔分布,贝塔分布是解决 FDR/FIR 验证评价的关键,在此对贝塔分布的一些性质进行介绍。其主要性质包括:贝塔分布曲线与分布参数的关系、先验分布的期望与方差、后验分布一阶矩(期望)与二阶矩。

对于成败型数据 $X=(n,f)$,FDR/FIR 的估计值 q 可认为是成功次数 $s(s=n-f)$ 出现的概率,其数学模型为

$$P(q \mid X) = C_n^s q^s (1-q)^f \tag{3-30}$$

对于贝塔分布,其密度函数为

$$\pi(q \mid a,b) = Be(q;a,b) = \frac{1}{\mathrm{B}(a,b)} q^{a-1}(1-q)^{b-1} \tag{3-31}$$

图 3-11 是几种典型的贝塔分布密度函数曲线,从中可以看出不同分布参数下曲线的单调性。

贝塔函数与伽马函数的关系为

$$\mathrm{B}(a,b) = \frac{\Gamma(a)\Gamma(b)}{\Gamma(a+b)} \tag{3-32}$$

伽马函数为

$$\Gamma(a) = \int_0^{\infty} t^{a-1}\mathrm{e}^{-t}\mathrm{d}t \tag{3-33}$$

伽马函数的性质为

$$\begin{cases} \Gamma(1) = 1, \Gamma\left(\dfrac{1}{2}\right) = \sqrt{\pi} \\ \Gamma(n+1) = n\Gamma(n) = n! \end{cases} \tag{3-34}$$

伽马函数的性质及其与贝塔函数的关系,对后来的运算起到重要的作用,由此也可以

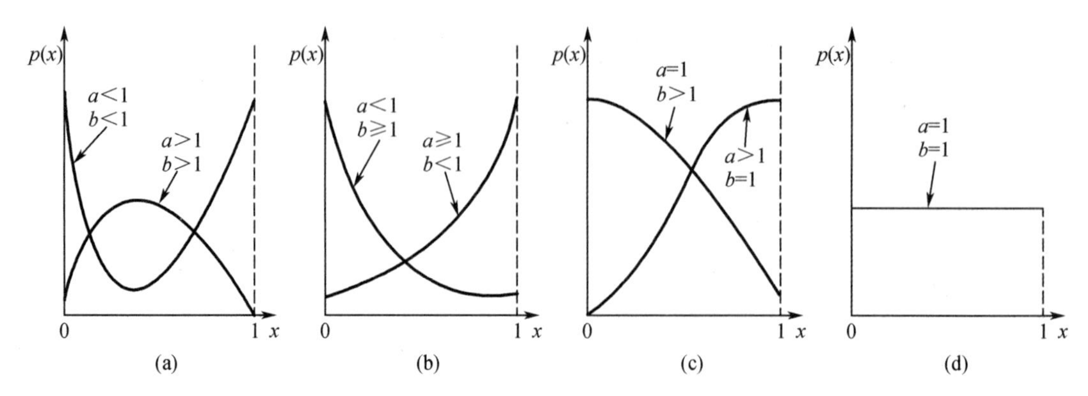

图 3-11　几种典型的贝塔分布密度函数曲线

得出 B(1,1)= 1 的结果。

作为先验分布时,贝塔分布的一些性质是经常使用而且是成熟的,在此直接给出到贝塔分布的期望 $E[q]$ 和方差 $D[q]$ 的表达式:

$$\begin{cases} E[q] = \dfrac{a}{a+b} \\ D[q] = \dfrac{ab}{(a+b)^2(a+b+1)} \end{cases} \tag{3-35}$$

确定验前分布 $Be(q;a,b)$ 后,现场试验数据为 $X=(n,f)$,q 的似然函数为 $L(X|q)=C_n^s q^s(1-q)^f$,由贝叶斯公式可以推导出成功率 q 的后验分布:

$$\begin{aligned} q = \pi(q|X) &= \frac{\pi(q;a,b)L(X|q)}{\int_0^1 \pi(q;a,b)L(X|q)\mathrm{d}q} = \frac{\dfrac{q^{a-1}(1-q)^{b-1}}{\mathrm{B}(a,b)}q^s(1-q)^f}{\int_0^1 \dfrac{q^{a-1}(1-q)^{b-1}}{\mathrm{B}(a,b)}q^s(1-q)^f\mathrm{d}q} \\ &= \frac{q^{a+s-1}(1-q)^{b+f-1}}{\int_0^1 q^{a+s-1}(1-q)^{b+f-1}\mathrm{d}q} = q^{a+s-1}(1-q)^{b+f-1}\frac{\Gamma(a+b+n)}{\Gamma(b+f)\Gamma(a+s)} \\ &= Be(q;a+s,b+f) \end{aligned} \tag{3-36}$$

在平方损失下,FDR/FIR 的贝叶斯估计为其后验期望值(一阶验后矩):

$$\begin{aligned} \hat{q}_{\mathrm{B}} = E[q|X] &= \int_0^1 q\cdot\pi(q|X)\mathrm{d}q = \int_0^1 q^{a+s}(1-q)^{b+f-1}\frac{\Gamma(a+b+n)}{\Gamma(b+f)\Gamma(a+s)}\mathrm{d}q \\ &= \frac{\Gamma(a+b+n)}{\Gamma(b+f)\Gamma(a+s)}\int_0^1 q^{a+s}(1-q)^{b+f-1}\mathrm{d}q \\ &= \frac{\Gamma(a+b+n)}{\Gamma(b+f)\Gamma(a+s)}\cdot\frac{\Gamma(b+f)\Gamma(a+s+1)}{\Gamma(a+b+n+1)} \end{aligned} \tag{3-37}$$

经计算可得

$$\hat{q}_B = \frac{(a+b+n-1)!\ (a+s)!}{(a+b+n)!\ (a+s-1)!} = \frac{a+s}{a+b+n} \tag{3-38}$$

其后验期望值即是一阶验后矩，即 $q_{(1)} = E[q \mid X] = \hat{q}_B$。其二阶验后矩为

$$\begin{aligned} q_{(2)} = E[q^2] &= \int_0^1 q^2 \pi(q \mid X)\,dq = \int_0^1 q^2 B(q; a+s, b+f) q^{a+s-1}(1-q)^{b+f-1} dq \\ &= \frac{\Gamma(a+b+n)}{\Gamma(a+s)\Gamma(b+f)} \cdot \frac{\Gamma(a+s+2)\Gamma(b+f)}{\Gamma(a+b+n+2)} \\ &= \frac{(a+s)(a+s+1)}{(a+b+n)(a+b+n+1)} \end{aligned} \tag{3-39}$$

由此可以得到 FDR/FIR 数值 q 的验后各阶矩的递推计算公式：

$$q_{(k)} = E[q^k] = \prod_{i=1}^{k} \frac{a+s+i}{a+b+n+i} \tag{3-40}$$

由一阶矩和二阶矩可得后验分布的方差：

$$\mathrm{Var}(q) = E[q^2] - E^2[q] = \frac{(a+s)(b+f)}{(a+b+n)^2(a+b+n+1)} \tag{3-41}$$

3.2.3.4　无先验信息情况下分布的确定

当先验信息非常少甚至是在没有先验信息可利用时，应使用无信息先验分布，确定方法有：

(1) Reformulation 方法，使用 $\pi(\theta) = Be(\theta; 0, 0)$。

(2) Box and Tiao 方法，使用 $\pi(\theta) = Be(\theta; 1/2, 1/2)$。

(3) 贝叶斯假设，使用 $\pi(\theta) = Be(\theta; 1, 1)$。

对于无信息的验前分布的使用要仔细考虑，因为验后分布会受到影响，特别是在极小子样条件下，验前分布的影响更大。

3.3　使用仿真数据的测试性综合验证评价

3.3.1　基于仿真试验的测试性验证与评价

装备实物试验数据较少，属于小子样的情况，将仿真试验数据作为实物试验数据的先验信息，对其进行处理后得到先验分布参数的估计值，之后结合装备实物试验数据，采用贝

叶斯融合方法得到测试性综合验证评价结果。对两类数据进行融合的关键环节在于贝叶斯数据融合模型的使用以及验前信息的处理方法:在贝叶斯数据融合模型中,试验数据是成败型数据;对仿真得到的验前信息采用等效法与拟合法进行处理。

3.3.2 验前信息的处理方法

当获得了大量仿真的先验信息之后,需要对其进行处理,一般是对验前分布或者验前参数进行综合,得到可以使用的验前信息。这里给出两种先验信息的处理方法:等效法与拟合法,具体如下:

假设使用测试性仿真试验得到 m 批次的试验数据,记作:$(n_1,s_1),(n_2,s_2),\cdots,(n_m,s_m)$,其中 $n_i(i=1,2,\cdots,m)$ 是第 i 次试验中的故障总数,$s_i(i=1,2,\cdots,m)$ 是第 i 次试验中的可以检测到的故障数,其与贝塔分布中参数的关系是 $a_i=s_i,b_i=f_i,f_i=n_i-s_i$。

(1)等效法

等效法的思想为将得到的多组试验数据中试验次数最少的数值作为先验等效的试验数据,等效故障检测率为每次试验的故障检测率的加权和,等效的成功检测次数为等效故障数乘以等效故障检测率。由于是对同一系统进行故障注入并进行测试,可认为每批次故障检测率的权重是相同的,即 $w_i=1/m$,等效法采用的公式为

$$\begin{cases} n' = \min\{n_i, i = 1,2,\cdots,m\} \\ s' = n'p' = n'\sum_{i=1}^{m} w_i \dfrac{s_i}{n_i} \end{cases} \tag{3-42}$$

式中,n'为验前信息等效的总试验次数;s'为等效的试验成功次数。那么验前分布的超参数 a、b 分别为 $a=s'$和 $b=n'-s'$。

(2)拟合法

拟合法的思想为对每次观测到的成败型试验数据都进行相应贝塔分布的拟合,使用 Bootstrap 方法得到贝塔分布的参数估计值 a_i、b_i 及在相应置信度下参数值的估计区间$[a_{i,\mathrm{L}},a_{i,\mathrm{U}}]$与$[b_{i,\mathrm{L}},b_{i,\mathrm{U}}]$,其区间长度分别记为 $\overleftrightarrow{a}_i$ 与 $\overleftrightarrow{b}_i$,区间的长度可认为是估计的精度,将区间长度的倒数作为参数的可信度 η_i,归一化之后得到相应参数的权重 w_i,经加权平均后得到验前信息分布参数的估计值。其数学模型为

$$\begin{cases} \eta_{ai} = 1/\overleftrightarrow{a}_i \\ w_{ai} = \eta_{ai}/\sum_{i=1}^{m}\eta_{ai} \\ a' = \dfrac{1}{m}\sum_{i=1}^{m} a_i w_{ai} \end{cases} \quad 与 \quad \begin{cases} \eta_{bi} = 1/\overleftrightarrow{b}_i \\ w_{bi} = \eta_{bi}/\sum_{i=1}^{m}\eta_{bi} \\ b' = \dfrac{1}{m}\sum_{i=1}^{m} b_i w_{bi} \end{cases} \tag{3-43}$$

使用两种方法得到先验分布的参数估计值之后,通过贝叶斯融合的方法对实物试验数据进行融合,可得到验后分布参数,即可得到测试性综合验证评价的结果。

案例分析

对某型装备建立仿真模型之后进行测试性仿真验证试验,以 FDR 为例进行分析,得到五组(n,f)数据为(63,2)、(61,2)、(58,1)、(68,3)、(58,2),在装备实物上开展试验,得到一组数据为(6,1)。

分别采用上节所述的两种方法进行计算,得到先验分布超参数。将仿真数据作为先验信息,使用等效法和拟合法对先验分布的参数进行估计,得到的数据如表 3-3 所示。

表 3-3　仿真试验数据的处理

试验数据	等效法	拟合法				
(n_i,f_i)	q_i	(a_i,b_i)	$[a_{i,L},a_{i,U}]$	$[b_{i,L},b_{i,U}]$	w_{ai}	w_{bi}
(63,2)	0.968 3	(60.10,1.88)	[43.455 4,83.107 1]	[1.408 6,2.506 8]	0.211 0	0.199 6
(61,2)	0.967 2	(59.18,2.34)	[43.356 4,80.773 7]	[1.777 1,3.099 5]	0.199 2	0.240 3
(58,1)	0.982 8	(58.43,0.92)	[42.110 3,81.077 1]	[0.732 1,1.160 2]	0.207 4	0.077 9
(68,3)	0.955 9	(63.38,2.68)	[49.402 5,81.305 0]	[2.072 3,3.476 4]	0.169 8	0.255 2
(58,2)	0.965 5	(57.56,2.14)	[40.954 4,80.899 9]	[1.602 4,2.851 6]	0.212 6	0.227 0
等效法:$n'=58$, $s'=56.132\ 4$, $q'=0.967\ 8$,得到$(a',b')=(58,1.867\ 6)$						
拟合法:$a'=59.587\ 3$, $b'=2.178\ 9$, $q'=0.964\ 7$,得到$(a',b')=(59.587\ 3,2.178\ 9)$						

使用贝叶斯融合方法对仿真数据和实物试验数据进行融合,由贝塔分布的性质得到测试性参数的验后分布参数与点估计值,并运用相应置信度下区间估计的公式得到综合验证评价结果如表 3-4 所示。

表 3-4　综合验证评价结果

验前信息处理方法	先验分布参数 (a',b')	现场数据 (n,f)	后验分布参数 (a,b)	点估计	置信下限	置信区间
					(置信度为 0.9)	
等效法	(58,1.867 6)	(6,1)	(63,2.867 6)	0.956 5	0.903 9	[0.889 1,0.988 5]
拟合法	(59.587 3,2.178 9)		(64.587 3,3.178 9)	0.953 1	0.900 7	[0.885 9,0.986 4]

该装备测试性设计的目标值为 0.9,最低要求值为 0.8。在只有现场试验数据(6,1)的情况下,置信度为 0.9 时,查表可得其单侧置信下限值为 0.489 7,这个数据实在太低,令人

难以接受。当采用贝叶斯验证评价方法时,融合仿真试验获得的先验信息后,使得在相同的现场试验数据下,置信下限值达到0.9以上,完全可以给出接收的结论。所以,考虑了先验信息后,在相同置信度的情况下能够对现场小子样数据进行正确的处理,得到更加合理可信的验证评价结果。

本书建立的测试性仿真试验的贝叶斯融合方法,通过获取仿真试验数据弥补现场试验数据量的不足,将仿真试验数据看作先验信息,与现场试验数据相融合得到综合的评价结果。同时可以从表3-4中的数据看出,所给出的两种验前信息处理方法效果基本相同,两种方法得到的结果相差非常小。

3.4 仿真数据的可信度及其影响分析

在使用仿真数据作为先验信息进行数据融合时,人们不禁要对其可信度产生疑问:仿真数据能够完全等同于现场试验数据来使用吗?许多文献也都研究了仿真系统可靠性、仿真数据可信性、模型可信度等方面的问题,形成了完整系统的理论——仿真系统的校核、验证与确认(verification,validation and accreditation,VV&A)。张金槐分析了仿真数据量过大时“淹没”现场数据的问题,而且验前信息可信度不高时,会影响贝叶斯估计结果。因此,为了避免大量仿真试验数据“淹没”小子样实物试验数据,本节研究仿真数据可信度对贝叶斯融合结果的影响。

3.4.1 数据融合问题分析

当不分析验前信息的可信度直接进行贝叶斯融合时,得到的后验期望值记为q_Y,则$q_Y=(a+s)/(a+b+n)$。令$m=a+b$,m为仿真数据量,设q_{s0}为通过仿真数据得到的FDR/FIR估计值,则有:$m\to\infty$时,$a\to m\cdot q_{s0}$,即

$$\lim_{x\to\infty}\frac{a}{m}=q_{s0} \tag{3-44}$$

那么后验期望可以写成

$$q_Y=\frac{m}{m+n}\cdot\frac{a}{m}+\frac{n}{m+n}\cdot\frac{s}{n} \tag{3-45}$$

由上式可以看出,后验期望中仿真数据估计值$\frac{a}{m}$所占的权重为$\frac{m}{m+n}$,现场数据估计值$\frac{s}{n}$

所占的权重为$\frac{n}{m+n}$。

由于现场数据为小子样数据，一般情况下 $s\leqslant n<10$，而当 $m\to\infty$ 时，$\frac{n}{m+n}\to 0$，所以有

$$\lim_{m\to\infty} q_Y = \lim_{m\to\infty}\left(\frac{m}{m+n}\cdot\frac{a}{m}+\frac{n}{m+n}\cdot\frac{s}{n}\right)=q_{s0} \tag{3-46}$$

对式(3-46)进行仿真分析，得到的仿真数据估计值所占后验期望值的权重的变化规律如图 3-12 所示，当仿真数据的估计值为 q_{s0} 时，后验期望随仿真数据量的变化规律如图 3-13 所示。

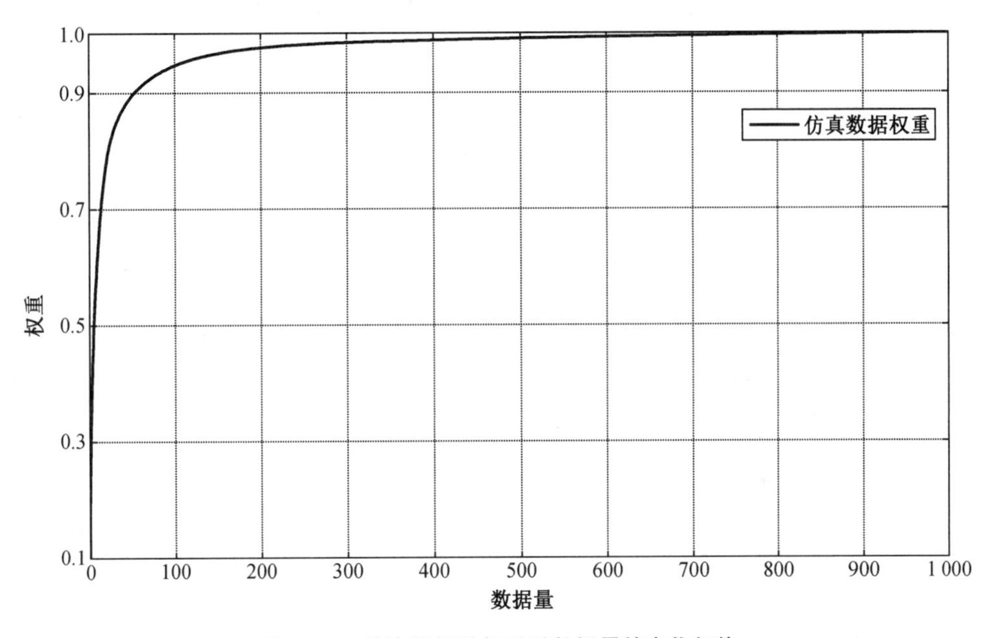

图 3-12　仿真数据的权重随数据量的变化规律

从图 3-12 可以看出，当仿真数据量在 50 左右时，其权重已经超过了 0. 9，并且随着仿真数据量的增加，其权重逐渐接近 1，占据了主导位置，现场数据几乎被“淹没”；从图 3-13 可以看出，随着仿真数据量的增加，后验期望值最终趋于仿真数据的估计值 q_{s0}，如果仿真数据可信度不高时，随着其数据量的增加，得到的评价结果将是不可信的。

因此，对仿真数据的使用一定要考虑其可信度的影响，不能将验前信息(仿真数据)与现场试验信息简单地直接进行融合，需要对验前信息进行可信度分析并进行折合处理，之后才能使用贝叶斯方法进行分析，保证两类信息的正确使用以提高结果的可信性。

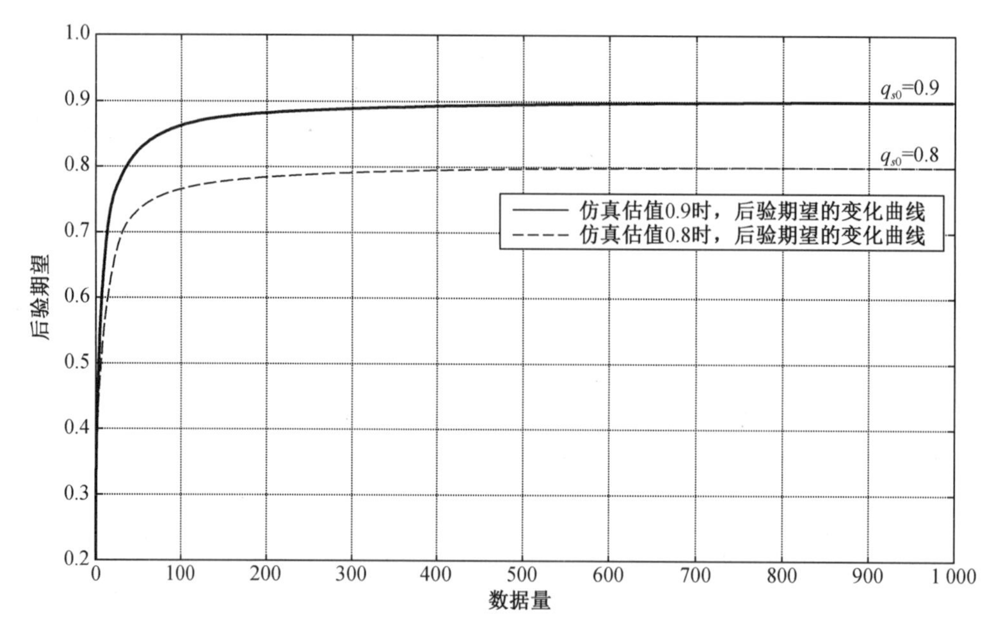

图 3-13　后验期望随仿真数据量的变化规律

3.4.2　仿真试验数据可信度分析方法

3.4.2.1　可信度的确定准则及确定方法

(1)可信度的确定准则

为更好地开展可信度分析和贝叶斯融合评价,有必要对可信度和贝叶斯融合评价需要满足的准则进行探讨和规范。经过对大量关于可信度定义以及计算文献的研究和总结,在定义可信度度量值 c 时,其应该满足以下准则:

①可信度 c 有一个取值范围,满足 $0 \leqslant c \leqslant 1$。

②先验信息的可信度 c 不同,对结果的影响程度不同。从定性上说,可信度越高,对结果的影响程度越大。

③两种极端情况分别表示的含义为:$c=0$ 时,可信度贝叶斯分析相当于无先验信息的情形;$c=1$ 时,相当于经典贝叶斯估计。

(2)可信度的确定方法

许多文献已经做了大量的研究,给出了多种可信度的确定方法,这些方法总是有一定的适用范围。本书对已有的方法进行对比分析,选用其中一种较好的方法并对其进行改进,使其更加符合测试性试验验证评价的实际情况。

张金槐结合工程实际,给出了经常使用的一种计算可信度的方法,计算公式为

$$c = P(H_0 \mid A) = \frac{1}{1 + \dfrac{1 - P(H_0)}{P(H_0)} \dfrac{\beta}{\alpha}} \tag{3-47}$$

该方法需要在进行计算之前确定先验概率 $P(H_0)$ 的值。如果 $P(H_0)=1/2$，并且两类风险相同时，该式可简化为 $c=1-\alpha$。

李庆民、刘君给出了一种基于仿真模型与实际模型之间偏差可信区域的可信度确定方法：$c=P\{|X_i-Y_i|<\varepsilon_i, i=1,\cdots,m\}$，其中 c 为可信度，X_i 为实际数据，Y_i 为仿真数据，ε_i 为可信区域。该方法需要对仿真模型与实际情况进行对比才能得到可信度。金振中给出了一种考虑仿真数据与现场数据两类分布一致度的方法，将两类分布在上半平面重合部分的面积作为可信度的数值。段晓君给出了一种信息散度的指标 $Q(f_1,f_2)$，用于描述两类分布之间的差异，并依据信息散度指标的数值与两个分布之间的差别成正比的规律，定义可信度的公式为 $c=1/[1+Q(f_1,f_2)]$，其中 f_1 为实际样本分布的密度函数，f_2 为补充样本分布的密度函数。黄寒砚研究了一种物理可信度的确定方法，计算公式为

$$c = 1/[1 + \varepsilon \cdot (\sigma_{\mathrm{p}}/\sigma_{\mathrm{t}})^{\gamma}] \tag{3-48}$$

式中，σ_{p} 为折合过程中无法计算及量化的误差，可根据工程背景给出一个大致范围；σ_{t} 为折合后的总体误差；ε 和 γ 是衡量变化速率的参数，其数值可依据不同类型的试验进行拟合，一般情况下，ε 和 γ 取值为 1。

实际的测试性仿真试验中，能够进行多批次的试验，数据量随着试验次数的增加而增加，因此可以得到一个定性的原则：随着试验批次的增加，其可信度是随之提高的。在此原则下对式(3-48)进行改进，使可信度能够随着试验批次的增加而提高，得到如下公式：

$$c = \frac{1}{1 + (\sigma_{\mathrm{p}}/\sigma_{\mathrm{t}})^{\frac{k}{k+1}}} \tag{3-49}$$

式中，k 为试验批次。

3.4.2.2　考虑可信度情况下的后验分布

(1)考虑可信度时的分布模型

假设验前信息的可信度为 c，则验前信息的分布为

$$\pi_c(\theta \mid X) = c \cdot \pi_1(\theta \mid X) + (1 - c)\pi_0(\theta \mid X) \tag{3-50}$$

式中，$\pi_0(\theta \mid X)$ 为无信息先验分布，一般情况下采用均匀分布；$\pi_1(\theta \mid X)$ 是在验前信息为 X 情况下的先验分布。$\pi_c(\theta \mid X)$ 为定义了可信度的先验分布，这种定义方法是一种验前信息加权融合的方法。

显然，当 $c=0$ 时，$\pi_c(\theta \mid X)=\pi_0(\theta \mid X)$，考虑可信度的贝叶斯分布相当于无先验信息的情形；当 $c=1$ 时，$\pi_c(\theta \mid X)=\pi_1(\theta \mid X)$，相当于经典贝叶斯情形，这符合先验信息可信度的

准则。$L(Y|\theta)$ 为 Y 的似然函数，依据贝叶斯公式，在获取现场子样 Y 之后 θ 的后验分布 $\pi_c(\theta|Y)$ 为

$$\pi_c(\theta|Y)=\frac{L(Y|\theta)\pi_c(\theta|X)}{\int_\Theta L(Y|\theta)\pi_c(\theta|X)\mathrm{d}\theta}=\frac{L(Y|\theta)[c_0\pi_0(\theta|X)+c_1\pi_1(\theta|X)]}{\int_\Theta L(Y|\theta)\pi_c(\theta|X)\mathrm{d}\theta}$$

$$=\frac{\lambda_0 f_0(Y|\theta)+\lambda_1 f_1(Y|\theta)}{f(Y|\theta)}=\sum_{i=0}^{1}\lambda_i\frac{f_i(Y|\theta)}{f(Y|\theta)}=\sum_{i=0}^{1}\lambda_i\pi_i(\theta|Y) \tag{3-51}$$

式中，Θ 是 θ 的取值范围；$f_i(Y|\theta)\ (i=0,1)$ 是两类先验分布经与似然函数的运算结果；$\pi_i(\theta|Y)\ (i=0,1)$ 是两类先验分布对应的后验分布；$c_0=c, c_1=1-c$；λ_i 是各两类后验分布的权重，其公式为

$$\lambda_i=\frac{c_i\cdot\int_\Theta L(Y|\theta)\pi_i(\theta|X)\mathrm{d}\theta}{\int_\Theta L(Y|\theta)\sum_{i=0}^{1}c_i\pi_i(\theta|X)\mathrm{d}\theta}=\frac{c_i\cdot\int_\Theta L(Y|\theta)\pi_i(\theta|X)\mathrm{d}\theta}{\int_\Theta L(Y|\theta)\pi_c(\theta|X)\mathrm{d}\theta} \tag{3-52}$$

由上式可以得出：$\lambda_0+\lambda_1=1$。

(2)考虑可信度情况下的贝叶斯估计

在平方损失下，参数 θ 的期望 $\hat{\theta}$ 为

$$\hat{\theta}=E[\theta|Y] \tag{3-53}$$

在考虑了先验信息的可信度 c 之后，θ 的贝叶斯估计为

$$\hat{\theta}_c=\lambda_0\hat{\theta}_0+\lambda_1\hat{\theta}_1 \tag{3-54}$$

式中，$\hat{\theta}_0$ 为无信息先验分布的后验期望；$\hat{\theta}_1$ 为先验分布的后验期望；λ_0 与 λ_1 分别为两类先验分布的后验权重。

(3)考虑可信度的估计精度分析

在数据的统计分析中，通常使用方差来代表估计的精度，在此对考虑可信度的先验分布的估计精度分别与两类先验分布的估计精度进行对比分析，以衡量考虑可信度的先验分布的估计效果。一般情况下，如果后验分布的期望值为 $\hat{\theta}$，对于已有的一个估计值 $\bar{\theta}$，其后验方差 p-Var 计算公式为

$$p-\mathrm{Var}(\bar{\theta})=E[(\bar{\theta}-\theta)^2]=E[(\bar{\theta}-\hat{\theta}+\hat{\theta}-\theta)^2]=\mathrm{Var}(\hat{\theta})+(\bar{\theta}-\hat{\theta})^2 \tag{3-55}$$

对于考虑可信度情况下的后验方差 p-Var_c 为

$$p-\mathrm{Var}_c(\bar{\theta})=E[(\bar{\theta}-\theta)^2]=E[(\bar{\theta}-\hat{\theta}_c+\hat{\theta}_c-\theta)^2]=\mathrm{Var}(\hat{\theta}_c)+(\bar{\theta}-\hat{\theta}_c)^2 \tag{3-56}$$

对上式进行分析：

$$p-\mathrm{Var}_c(\bar{\theta})=\mathrm{Var}(\hat{\theta}_c)+(\bar{\theta}-\hat{\theta}_c)^2$$
$$=\lambda_0[\mathrm{Var}(\hat{\theta}_0)+(\bar{\theta}-\hat{\theta}_0)^2]+\lambda_1[\mathrm{Var}(\hat{\theta}_1)+(\bar{\theta}-\hat{\theta}_1)^2]$$

$$= \lambda_0 \cdot \mathrm{Var}(\hat{\theta}_0) + \lambda_1 \cdot \mathrm{Var}(\hat{\theta}_1) + \lambda_0 \cdot \lambda_1(\hat{\theta}_0 - \hat{\theta}_1)^2 \tag{3-57}$$

当使用经典贝叶斯方法时,得到的后验方差 $p\text{-}\mathrm{Var}_b$ 为

$$p - \mathrm{Var}_b(\bar{\theta}) = \lambda_0 \mathrm{Var}(\hat{\theta}_0) + \lambda_1[\mathrm{Var}(\hat{\theta}_1) + (\hat{\theta}_0 - \hat{\theta}_1)^2] \tag{3-58}$$

对于式(3-57)和式(3-58)有:$p\text{-}\mathrm{Var}_c \leqslant p\text{-}\mathrm{Var}_b$,两者的数值相差 $\lambda_1^2(\hat{\theta}_0-\hat{\theta}_1)^2$。

所以,考虑可信度时的估计精度要好于经典贝叶斯方法。特别地,当先验信息可信度 $c=1$ 时,有 $\lambda_0=1$,两者的估计精度相同,当先验信息可信度 $c=0$ 时,两者的估计精度差别为 $(\hat{\theta}_0-\hat{\theta}_1)^2$。

3.4.2.3　考虑可信度情况下贝塔分布的后验估计值

对于贝塔分布,如果验前数据为 X,现场数据为 $Y=(n,f)$,$s=n-f$,那么关于成功率 q 的后验分布为 $\pi_c(q \mid Y)$。因此在具有可信度情况下的先验分布为

$$\pi_c(q \mid X) = \sum_{i=0}^{1} c_i Be(q; a_i, b_i) \tag{3-59}$$

式中,$a_i, b_i(i=0,1)$,分别表示无先验信息和先验分布情况下的贝塔分布超参数。

其后验分布表达式为

$$\pi_c(q \mid Y) = \sum_{i=0}^{1} \lambda_i Be(q \mid a_i + s, b_i + f) \tag{3-60}$$

可得

$$\lambda_i = \frac{c_i \int_0^1 C_n^f q^s (1-q)^f \frac{q^{a_i-1}(1-q)^{b_i-1}}{\mathrm{B}(a_i,b_i)} \mathrm{d}q}{\int_0^1 C_n^f q^s (1-q)^f \sum_{i=0}^{1} \frac{c_i \cdot q^{a_i-1}(1-q)^{b_i-1}}{\mathrm{B}(a_i,b_i)} \mathrm{d}q} = \frac{c_i \int_0^1 q^s (1-q)^f \frac{q^{a_i-1}(1-q)^{b_i-1}}{\mathrm{B}(a_i,b_i)} \mathrm{d}q}{\int_0^1 q^s (1-q)^f \sum_{i=0}^{1} \frac{c_i \cdot q^{a_i-1}(1-q)^{b_i-1}}{\mathrm{B}(a_i,b_i)} \mathrm{d}q} \tag{3-61}$$

式中,q 代表故障检测或故障隔离的成功概率。

无先验信息的分布一般采用均匀分布,贝塔分布下采用 $Be(1,1)$。假设在验前信息为 X 情况下的先验分布为 $Be(a,b)$,即 $a_0=b_0=1, a_1=a, b_1=b$。那么后验分布的具体表达式为

$$\pi_c(q \mid Y) = \lambda_0 Be(s+1, f+1) + \lambda_1 Be(a+s, b+f) \tag{3-62}$$

式中

$$\lambda_0 = \frac{(1-c)\mathrm{B}(a,b)\mathrm{B}(s+1,f+1)}{(1-c)\mathrm{B}(a,b)\mathrm{B}(s+1,f+1) + c\mathrm{B}(s+a,f+b)} \tag{3-63}$$

$$\lambda_1 = \frac{c\mathrm{B}(s+a,f+b)}{(1-c)\mathrm{B}(a,b)\mathrm{B}(s+1,f+1) + c\mathrm{B}(s+a,f+b)} \tag{3-64}$$

至此,后验分布分析完毕。后验分布为两个分布的加权和,并且符合 $\sum_{i=0}^{1} \lambda_i = 1$。

设 q_Y 为后验期望,那么后验期望的推导过程为

$$\begin{aligned}
q_Y &= E[\pi_c(q \mid Y)] \\
&= \int_0^1 q \cdot \pi_c(q \mid Y)\mathrm{d}q = \int_0^1 q \cdot [\lambda_0 Be(s+1,f+1) + \lambda_1 Be(a+s,b+f)]\mathrm{d}q \\
&= \lambda_0 \int_0^1 q \cdot Be(s+1,f+1)\mathrm{d}q + \lambda_1 \int_0^1 q \cdot Be(a+s,b+f)\mathrm{d}q \\
&= \lambda_0 \frac{\mathrm{B}(s+2,f+1)}{\mathrm{B}(s+1,f+1)} + \lambda_1 \frac{\mathrm{B}(a+s+1,b+f)}{\mathrm{B}(a+s,b+f)} \\
&= \frac{(1-c)\mathrm{B}(a,b)\mathrm{B}(s+1,f+1)}{(1-c)\mathrm{B}(a,b)\mathrm{B}(s+1,f+1)+c\mathrm{B}(s+a,f+b)} \frac{\mathrm{B}(s+2,f+1)}{\mathrm{B}(s+1,f+1)} + \\
&\quad \frac{c\mathrm{B}(s+a,f+b)}{(1-c)\mathrm{B}(a,b)\mathrm{B}(s+1,f+1)+c\mathrm{B}(s+a,f+b)} \frac{\mathrm{B}(a+s+1,b+f)}{\mathrm{B}(a+s,b+f)} \\
&= \frac{(1-c)\mathrm{B}(a,b)\mathrm{B}(s+2,f+1)}{(1-c)\mathrm{B}(a,b)\mathrm{B}(s+1,f+1)+c\mathrm{B}(s+a,f+b)} + \\
&\quad \frac{c\mathrm{B}(a+s+1,b+f)}{(1-c)\mathrm{B}(a,b)\mathrm{B}(s+1,f+1)+c\mathrm{B}(s+a,f+b)} \\
&= \frac{s+1}{n+2} \frac{1}{1+\frac{c}{1-c}\frac{\mathrm{B}(a+s,b+f)}{\mathrm{B}(a,b)\mathrm{B}(s+1,f+1)}} + \frac{a+s}{n+a+b} \frac{1}{1+\frac{1-c}{c}\frac{\mathrm{B}(a,b)\mathrm{B}(s+1,f+1)}{\mathrm{B}(a+s,b+f)}}
\end{aligned} \tag{3-65}$$

令 $d = \frac{c}{1-c}$, $D = \frac{\mathrm{B}(a+s,b+f)}{\mathrm{B}(a,b)\mathrm{B}(s+1,f+1)}$,那么上式可改写为

$$E[\pi_c(q \mid Y)] = \lambda_0' \frac{s+1}{n+2} + \lambda_1' \frac{a+s}{n+a+b} \tag{3-66}$$

式中,$\lambda_0' = \frac{1}{1+d \cdot D}$,$\lambda_1' = \frac{d \cdot D}{1+d \cdot D}$,并且 $\sum_{i=0}^{1} \lambda_i' = 1$。

令 $m=a+b$,则式(3-66)写为

$$E[\pi_c(q \mid Y)] = \lambda_0' \frac{s+1}{n+2} + \lambda_1' \frac{a+s}{m+n} \tag{3-67}$$

令 $q_{Y0} = \frac{s+1}{n+2}$,$q_{Y1} = \frac{a+s}{m+n}$,可以看出,q_{Y0} 与 q_{Y1} 分别为现场数据与两类先验分布经过贝叶斯融合的后验期望值,那么式(3-67)可以变化为

$$q_Y = \lambda_0' \cdot q_{Y0} + \lambda_1' \cdot q_{Y1} \tag{3-68}$$

由式(3-68)可以得出如下规律与结论:经过贝叶斯融合的后验期望值为各先验分布与现场数据分别融合后期望值的加权和,后验权重分别为 λ_0'、λ_1'。

在不同的可信度下,考虑可信度的后验分布与经典贝叶斯方法得到的后验分布如图

3-14 所示。可以看出,当可信度越高时,与经典贝叶斯方法得到的后验分布越接近,因此可以说考虑可信度的贝叶斯分布是对经典贝叶斯方法的一种“折衷”。

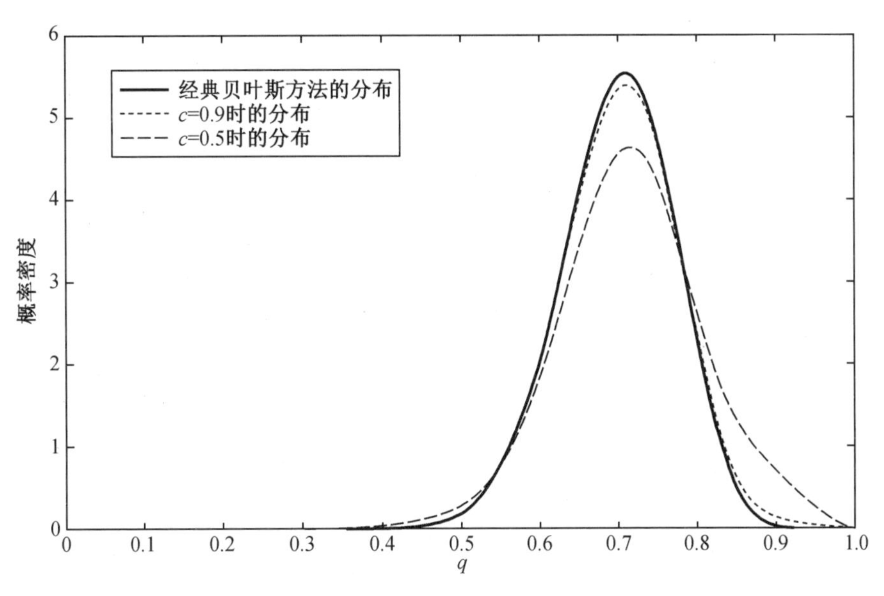

图 3-14　不同可信度下的后验分布与经典贝叶斯分布

3.4.2.4　贝塔分布后验期望与仿真数据的关系分析

由前面分析可知,随着仿真数据量的增大,后验期望会逐步被仿真数据的估计值所“淹没”,如果仿真数据可信度不高时,将得到不可信的结果,所以对于考虑了仿真数据可信度的后验期望值,仍是要了解其随着仿真数据量趋于非常大时的变化情况。在考虑了仿真数据可信度之后,我们希望看到的情况起码符合以下原则:随着仿真数据量的增大,仿真数据估计值占据一定比重,但这个比重是小于 1 或者是在一定范围之内的,它不能完全掩盖现场数据的作用。分析如下:

若要分析仿真数据在后验期望中所占的权重 λ_1',首先要分析 D 这一项。

对于 $D=\frac{\mathrm{B}(a+s,b+f)}{\mathrm{B}(a,b)\mathrm{B}(s+1,f+1)}$,令 $g=\frac{1}{\mathrm{B}(s+1,f+1)}$,则 D 可以改写为

$$D=g\cdot\frac{\mathrm{B}(a+s,b+f)}{\mathrm{B}(a,b)} \tag{3-69}$$

其中 g 是只和现场数据有关的项,$g=\frac{\Gamma(n+2)}{\Gamma(s+1)\Gamma(f+1)}$。

如果考虑仿真数据量的问题,那么关键在于分析$\frac{B(a+s,b+f)}{B(a,b)}$,其中包含与仿真数据量

有关的参数:a 和 b。

令 $G=\dfrac{B(a+s,b+f)}{B(a,b)}$,有:

$$G=\frac{\Gamma(a+s)\Gamma(b+f)}{\Gamma(m+n)}\frac{\Gamma(a+b)}{\Gamma(a)\Gamma(b)}=\frac{(a+s-1)!\ (b+f-1)!}{(m+n-1)!}\frac{(a+b-1)!}{(a-1)!\ (b-1)!}$$

$$=\frac{\overbrace{(a+s-1)\times\cdots\times a}^{s}\times\overbrace{(b+f-1)\times\cdots\times b}^{f}}{\underbrace{(m+n-1)\times\cdots\times m}_{n}}$$

$$=\frac{\overbrace{\left(\frac{a}{m}+\frac{s-1}{m}\right)\times\cdots\times\frac{a}{m}}^{s}\times\overbrace{\left(\frac{b}{m}+\frac{f-1}{m}\right)\times\cdots\times\frac{b}{m}}^{f}}{\underbrace{\left(1+\frac{n-1}{m}\right)\times\cdots\times 1}_{n}} \tag{3-70}$$

假设基于仿真数据情况下的 FDR/FIR 估计值为 q_{s0},那么存在:

$$G\rightarrow q_{s0}^{s}(1-q_{s0})^{f} \tag{3-71}$$

上式有如下性质:

令现场数据的期望值为 $q_{s1}=\dfrac{s}{n}$,那么当 $q_{s0}=q_{s1}$ 时,G 达到最大值。

因此有

$$G\leqslant\left(\frac{s}{n}\right)^{s}\left(\frac{f}{n}\right)^{f}\triangleq h \tag{3-72}$$

所以有

$$D\leqslant gh\triangleq H \tag{3-73}$$

在此基础上,分析后验期望值中与仿真数据相关项的关系。

与仿真数据相关的项为 $\lambda_1'q_{Y1}$,当仿真数据量非常大时,有:

$q_{Y1}\rightarrow q_{s0}$,并且 $\lambda_1'=\dfrac{dD}{1+dD}\leqslant\dfrac{dH}{1+dH}<1$,$d$ 是与可信度相关的常数。

所以有

$$\lambda_1'q_{Y1}\leqslant\frac{dH}{1+dH}q_{s0} \tag{3-74}$$

可以得出:仿真数据在后验期望中权重的收敛上界为$\dfrac{dH}{1+dH}$,并且$\dfrac{dH}{1+dH}<1$。

结论:λ_1' 始终起到对仿真数据估计值进行调节的作用,并且 $\lambda_1'<1$,所以当仿真数据量非常大时,总有调节参数 λ_1' 使后验期望值不会被仿真数据的估计值所替代,即仿真数据不会掩盖现场试验数据。

下面对数据量、可信度、后验权重之间的关系进行分析。通过 Matlab 编程,得到后验权重上限随可信度的变化关系曲线如图 3-15 所示,后验权重随数据量的变化关系曲线如图 3-16 所示。

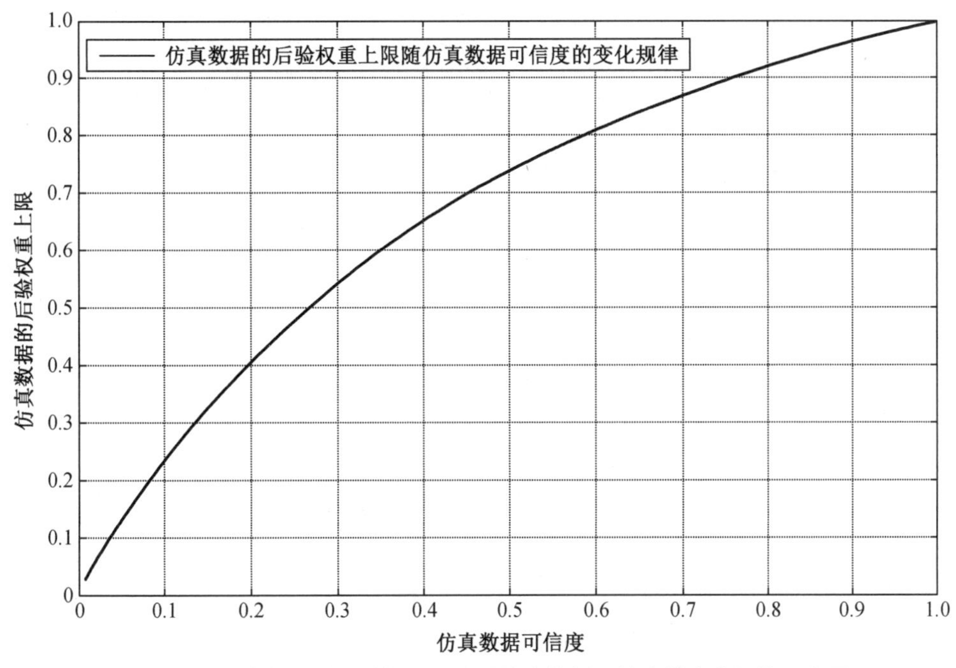

图 3-15　仿真数据的后验权重上限随仿真数据可信度的变化规律示意图

通过图 3-15 的曲线可以看出,后验权重上限与可信度的关系是一条近似线性的增函数曲线,而且是凸函数,所以可得出如下结论:

(1)后验权重的上限与可信度是正相关的关系。随着可信度的提高,其后验权重上限增加。

(2)后验权重的上限大于对应可信度的大小。说明后验权重的最大值可以超过可信度的大小,当然这是在相应条件下得到的。

图 3-16 中的三条曲线对应的是可信度分别在 $c=0.5$、$c=0.7$、$c=0.9$ 的情况下,后验权重随数据量的变化规律。

首先分析其中的任意一条曲线,发现如下规律:

(1)后验权重与数据量大小的关系是正相关关系。随着仿真数据量的增加,其后验权重呈现逐步提高的趋势,并收敛于上限值。

(2)后验权重幅度的变化规律是一开始小于可信度,后来超过可信度的数值。在数据量较少时,后验权重小于对应的可信度,随着数据量的增加,后验权重逐渐超过对应的可信度。

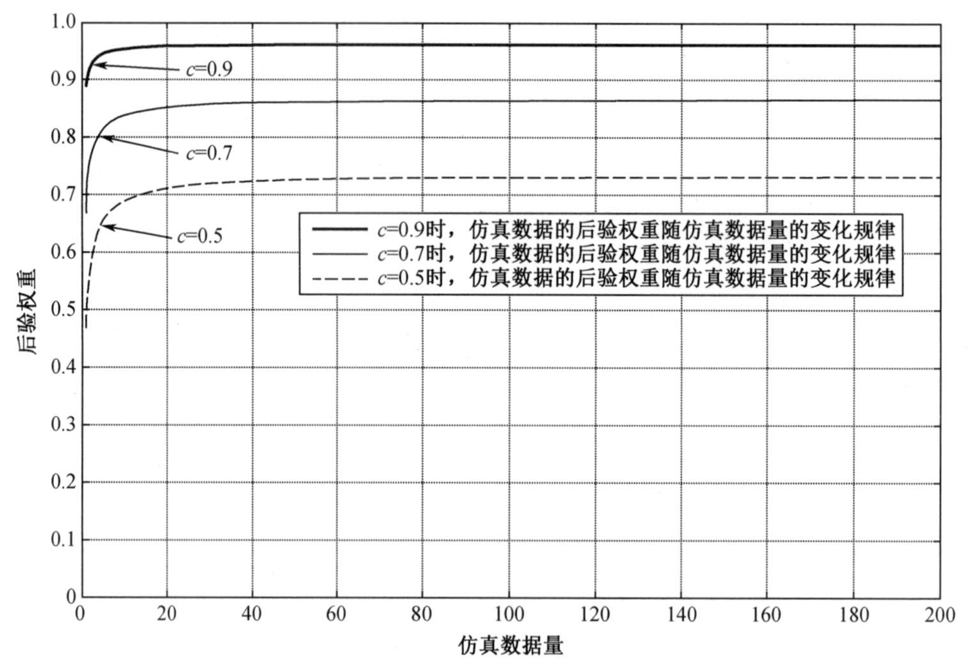

图 3-16　仿真数据的后验权重随仿真数据量的变化规律示意图

(3)后验权重的上限在可信度附近,略微大于可信度,但不会趋于 1。后验权重随着数据量的增大,其大小会超过可信度的数值而趋于收敛上限,但不会无限接近 1。

(4)后验权重变化快慢的规律是一开始变化较快,之后变很慢,最终趋于稳定。数据量较小时(数据量在 20 以内),后验权重的上升速率较快,随着数据量的增加,后验权重的上升速率逐步变慢,之后几乎不再上升,趋于稳定。

其中(2)与(3)分析的结果与图 3-15 中“仿真数据的后验权重上限随仿真数据可信度的变化规律”分析的结果是一致的。

再对三条曲线进行对比分析:

(1)后验权重与可信度大小的关系是正相关关系。在数据量相同的情况下,先验分布的可信度越高,其后验权重越高,可信度越小,后验权重也越小。

(2)三条曲线的跨度与可信度的关系。由图中可以看出,其后验权重都在可信度上下,当可信度较高时,跨度较小,即后验权重的波动性越小;可信度越低时,跨度越大,即后验权重的波动性越大。这也说明了可信度越高,后验权重越稳定,这也符合主观上的想定。

因为前面在分析后验权重上限时,能够达到极值的条件是:$q_{s0}=q_{s1}$,所以两者之间的大小关系必定对后验期望产生影响,下面分析两类先验分布的后验期望 q_{s0} 与 q_{s1} 的大小关系、后验期望 q_Y、可信度 c 之间的关系。

经过编程,在 $c=0.5$ 时,后验期望随 q_{s0} 与 q_{s1} 大小关系变化的曲线如图 3-17 所示;在 $c=0.9$ 时,后验期望随 q_{s0} 与 q_{s1} 大小关系变化的曲线如图 3-18 所示。

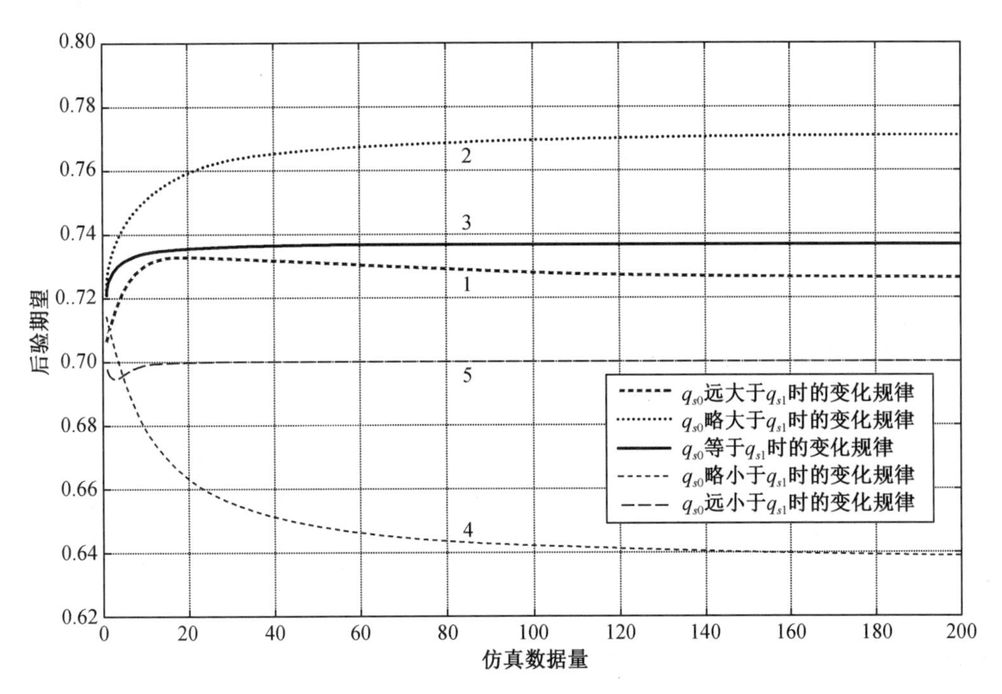

图 3-17　可信度 $c=0.5$ 时后验期望随仿真数据量的变化规律示意图

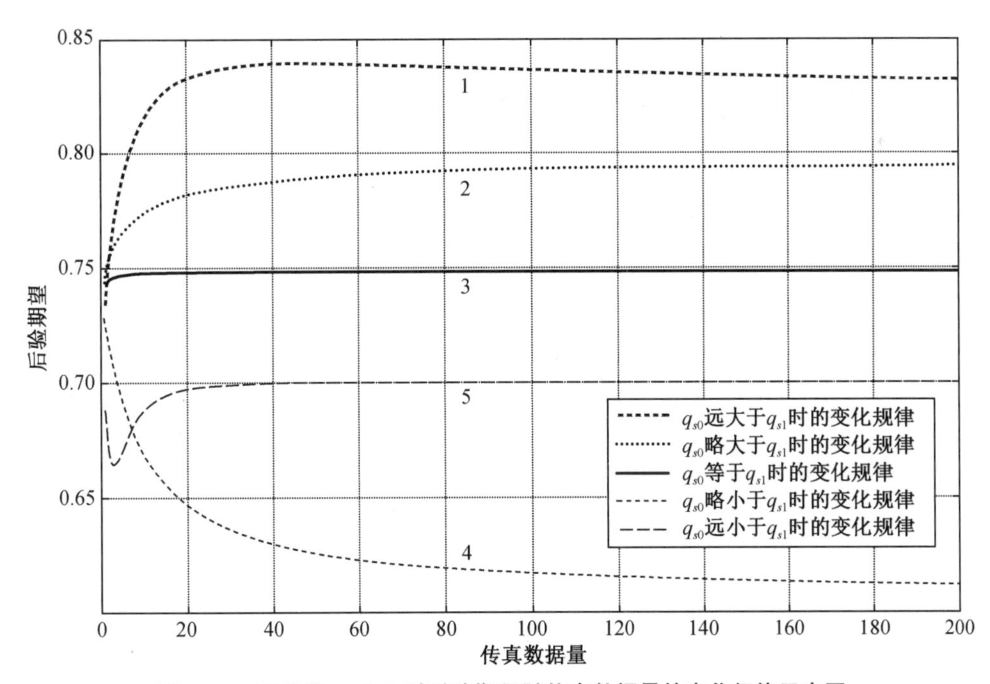

图 3-18　可信度 $c=0.9$ 时后验期望随仿真数据量的变化规律示意图

在两图中，曲线 1 是 q_{s0} 远大于 q_{s1} 时的变化曲线，曲线 2 是 q_{s0} 略大于 q_{s1} 时的变化曲线，曲线 3 是 q_{s0} 与 q_{s1} 相等时的变化曲线，曲线 4 是 q_{s0} 略小于 q_{s1} 时的变化曲线，曲线 5 是

q_{s0} 远小于 q_{s1} 时的变化曲线。

对两示意图进行对比分析,发现有如下规律:

(1) $q_{s0}>q_{s1}$ 的曲线与 $q_{s0}<q_{s1}$ 的曲线之间的关系。$q_{s0}>q_{s1}$ 的变化曲线都在 $q_{s0}<q_{s1}$ 变化曲线的上方,说明先验信息在后验期望中能够起作用,并且先验信息估值对后验期望是一种正相关的作用,这是符合主观认识与客观规律的。

(2)可信度较低时的变化规律。其他条件相同,可信度较低时,后验期望值普遍较低;同时对于 q_{s0} 远大于 q_{s1} 的情况具有明显的控制作用,使其不会偏离 $q_{s0}=q_{s1}$ 时的曲线太远。

(3)可信度较高时的变化规律。其他条件相同,可信度较高时,后验期望值普遍较高;同时对于 q_{s0} 远小于 q_{s1} 的情况具有明显的控制作用,使其不会偏离 $q_{s0}=q_{s1}$ 时的曲线太远。

(4)对于相同的 q_{s0},不同可信度时的变化规律。当 q_{s0} 与 q_{s1} 较为接近时,比较稳定,在不同的可信度下波动不大;当 q_{s0} 与 q_{s1} 差距较大时,变化不稳定,在不同可信度下波动较大。

(5)后验期望值与仿真数据量的关系。随着仿真数据量的增加,其后验期望值均会趋于稳定,逐渐收敛于某一数值。

(2)与(3)也说明对于不同的 q_{s0} 值,可信度的大小对其具有很明显的“控高、调低”的宏观调节作用,能得到比较稳定的后验期望值,防止数据的“冒进”和“保守”,使结果更加可信。

所以,仿真数据量越大时,后验期望值会更加稳定;仿真数据的可信度越高时,说明先验信息越准确,对后验估值的作用越大;q_{s0} 与 q_{s1} 越接近,后验期望值的变化幅度越小。

大部分情况下,可信度都需要给出一个确定的数值,但也存在无法给出精确值的情况,对于这个问题的解决方法是:采用分布的形式对可信度给出其分布规律,之后采用贝叶斯方法进行融合,这样为确定可信度的问题带来了方便。同时,在某一分布下,可信度的确定及优化方法也是值得研究的内容。

案例分析

仍采用上节的试验数据,由公式可以得到仿真数据的可信度为 $c=0.862\ 8$。经统计分析,其各项参数如表 3-5 所示。

表 3-5 考虑可信度时的各个参数值

方法	可信度	q_{s0}	q_{s1}	后验权重上限	后验期望上限
等效法	0.862 8	0.968 8	0.857 1	0.875 0	0.940 7
拟合法		0.964 7		0.885 7	0.939 5

经仿真分析,得到的该试验数据的后验权重与后验期望随数据量的变化曲线,分别如

图 3-19 的(a)与(b)所示。

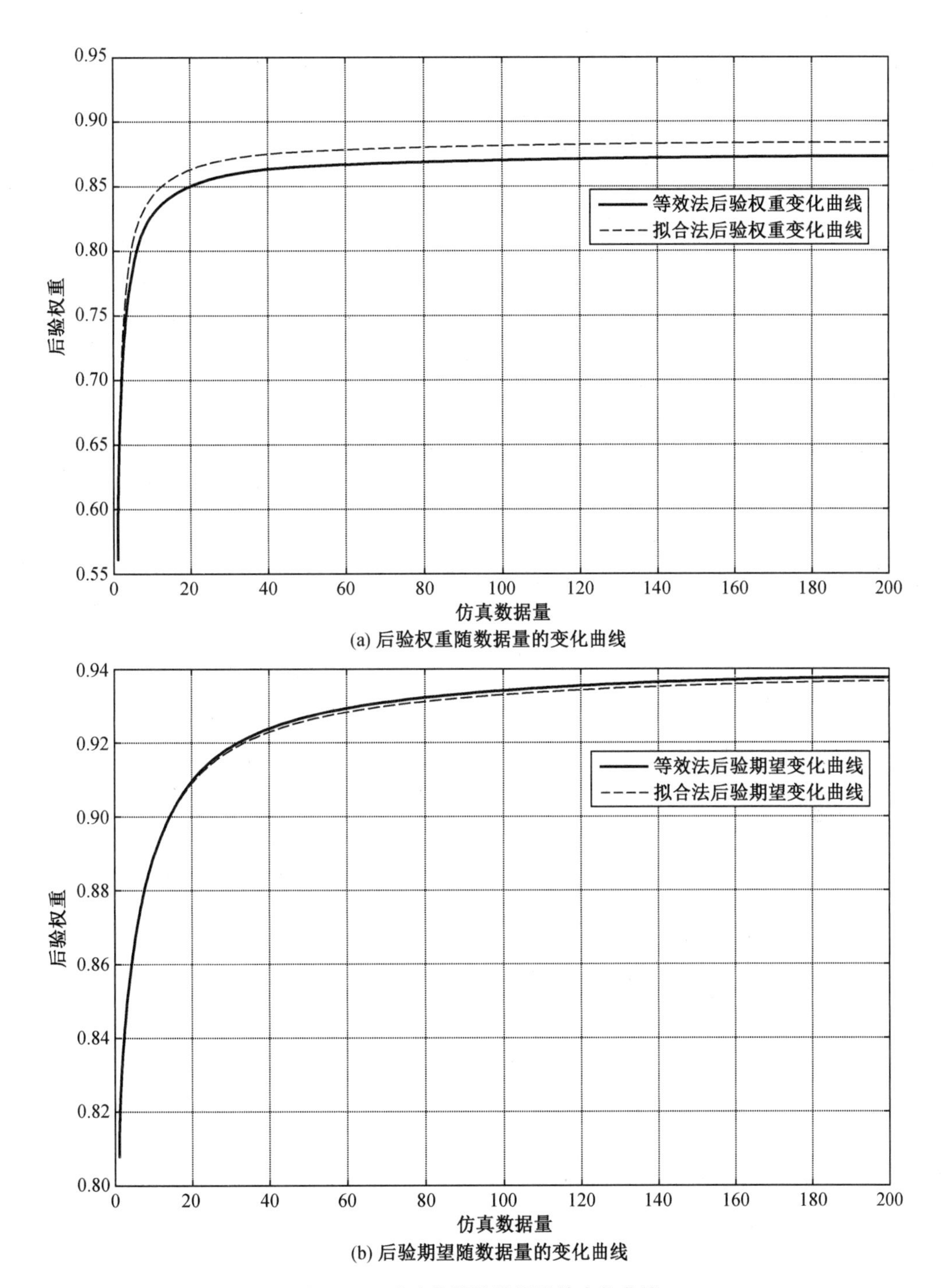

(a) 后验权重随数据量的变化曲线

(b) 后验期望随数据量的变化曲线

图 3-19　后验参数随数据量的变化曲线

由给出的表和图可以看出,等效法得到的先验期望要高于拟合法得到的先验期望值,两者都高于现场数据的期望值,但等效法的后验权重小于拟合法,这说明了先验信息可信度起了相应的调节作用,这与上节的分析相一致。同时,考虑先验信息的可信度后,这两种方法得到的后验期望值都要小于不考虑可信度时得到的点估计值,这也是可信度对先验期望与后验期望进行“折衷”的作用。

3.5 本章小结

本章建立了融合仿真与实物试验数据的测试性评价方案,介绍了与验证评价相关的理论知识;研究了仿真试验数据与小子样实物试验数据的贝叶斯融合方法,实现了融合两类数据的测试性综合验证评价;针对大量仿真数据“淹没”实物数据的问题,研究仿真数据可信度的分析方法,实现了考虑仿真数据可信度的融合方法,并对仿真数据与其后验权重、后验期望之间的影响关系进行了分析。

第4章

基于测试性增长过程的综合验证评价方法

4.1 引　　言

现代高新装备结构复杂、费用高、技术含量高,研制生产的数量少,且新装备中都采用了高可靠性设计,在较短的时间内获取的实物试验数据更加稀少,属于小子样。装备的研制是不断地进行“设计—试验—改进—再试验”的周期过程,具有“多阶段”的特点。随着阶段的推移和测试性设计的改进,测试性水平逐步增长,每个阶段的参数分布都不是同一总体,属于“异总体”的情况。因此,装备全寿命周期中测试性具有“小子样、多阶段、多信息、异总体”的特点。本章从测试性的寿命周期维出发,对多个阶段的测试性数据进行融合,研究基于测试性增长过程的综合验证评价方法。考虑到贝叶斯理论在解决“小子样、异总体”问题上有着极大的优势,并在可靠性领域中得到广泛应用,所以本章采用贝叶斯融合理论,结合测试性增长过程,研究融合多阶段测试性信息的综合验证评价方法。

4.2 装备的测试性增长过程

由于许多新产品进行开发或研制时测试性设计都不够成熟,存在不同程度的缺陷,同时,测试诊断设备也不可能设计得非常完美,都会有不可预料的故障模式出现,并存在测试容差不合适等问题。通过测试性试验,不断发现产品在测试性设计方面的缺陷,并通过改进设计与改进测试等方式使产品的测试性水平逐步提高的过程,叫作测试性增长过程。因此,测试性也有一个增长的过程,也叫作测试性成熟、诊断增长。

本书针对测试性增长过程展开测试性综合验证评价方法的研究,思路框架如图 4-1 所示。对于测试性增长过程,可将其分为两大类:第一大类是基于增长模型的增长过程;第二大类是基于整体规划的测试性增长过程的参数拟合方法。

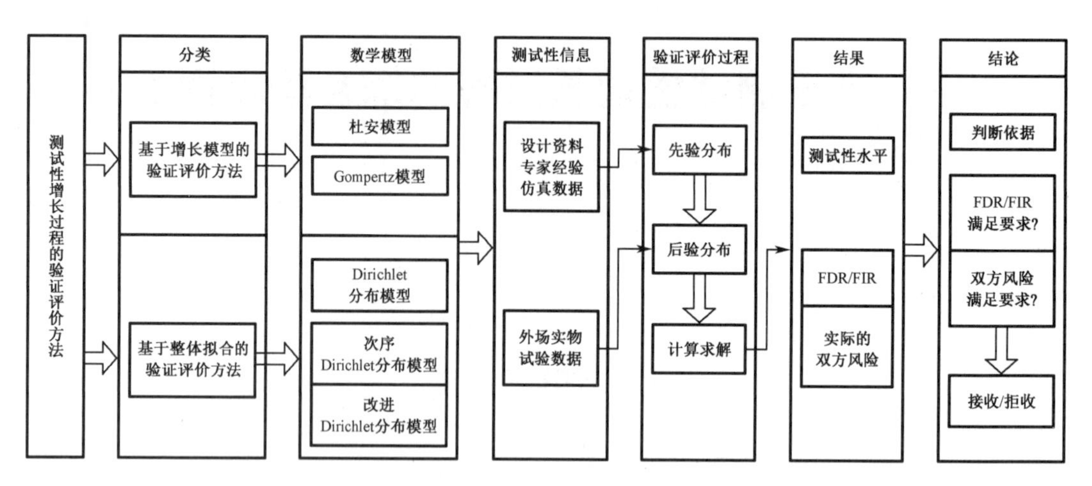

图 4-1 基于装备测试性增长过程的综合验证评价框架

第一类增长过程的主要研究内容为:基于装备改型的测试性综合验证评价方法、多阶段试验的测试性综合验证评价方法以及基于增长数学模型的测试性综合验证评价;第二类增长过程的主要研究内容为:基于改进 Dirichlet 分布的测试性综合验证评价方法(主要特点是将阶段性的参数估值进行整体规划),依据 Dirichlet 分布进行参数拟合,并将阶段性参数估值作为先验信息,对下一阶段的测试性参数值进行验证评价。

4.2.1 测试性增长概念及内涵

4.2.1.1 测试性增长概念

可以借鉴可靠性增长试验、维修性增长试验的增长过程规划方法,测试性增长也可分为即时纠正、延缓模式和含延缓纠正三种模式。各类增长模式如图 4-2 所示。

(1)即时纠正模式。在试验中对发现的测试性设计缺陷立即进行改进。在该模式下,测试性增长曲线可看作是平滑的曲线,如图 4-2(a)所示。

(2)延缓纠正模式。在试验结束后,对发现的测试性问题集中进行改进。在该模式下,测试性水平在同一阶段内保持不变,在下一阶段才出现增长。因此,测试性增长曲线可认为是阶梯形曲线,如图 4-2(b)所示。

(3)含延缓纠正模式。对试验中发现的测试性缺陷,一部分采取即时纠正方式,一部分采用延缓纠正方式。在该模式下同一阶段内测试性水平缓慢增长,阶段间测试性水平呈现阶跃型增长。因此,测试性增长曲线为阶梯形的平滑曲线,如图 4-2(c)所示。

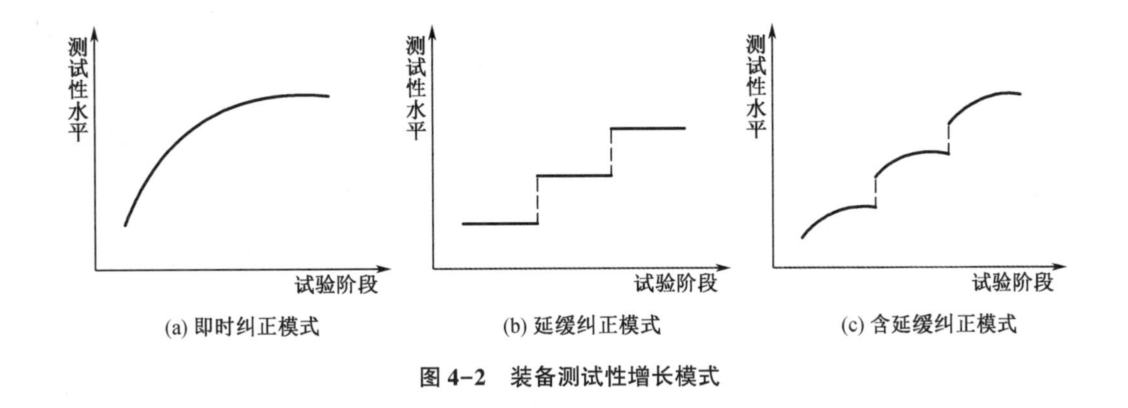

(a) 即时纠正模式　(b) 延缓纠正模式　(c) 含延缓纠正模式

图 4-2　装备测试性增长模式

4.2.1.2　测试性增长过程内涵

对于测试性增长试验，它属于评价性质的试验，一般采用延缓纠正的模式。在延缓纠正模式下，测试性增长过程的内涵如下：

(1)产品在研制阶段假设总共进行了 m 个阶段的测试性增长试验(试验环境认为是相同的)，且各阶段试验结果相互独立。假设在第 i 阶段，q_i 为测试性水平的真值，试验的结果记为(n_i, F_i, q_i)，式中 n_i 为故障总数，F_i 为检测/隔离失败次数，$i=1,2,\cdots,m$。

(2)在第 $m+1$ 阶段对产品进行验收，该阶段的试验结果记为$(n_{m+1}, F_{m+1}, q_{m+1})$。

(3)在测试性增长过程中，产品的测试性水平逐步提高，存在如下序化关系：

$$0 \leqslant q_1 \leqslant q_2 \leqslant \cdots \leqslant q_m \leqslant q_{m+1} \leqslant 1 \tag{4-1}$$

(4)当测试性水平达到最低可接受值 q_L 时，增长试验结束。极限情况下，充分的测试性增长能够使 $q_i=1$。

对测试性增长过程建立模型的主要方法就是将先验信息折合成先验分布的形式，通常以均匀分布、贝塔分布拟合各阶段参数的分布情况。在多阶段情况下，各阶段参数估计区间的均匀分布与贝塔分布拟合测试性增长过程的示意图如图 4-3 所示。

4.2.2　先验信息与贝塔分布的转换方法

通过专家经验或者工程实际获得的关于测试性参数的一些信息不是先验分布形式，而是比如点估计、区间估计、置信下限等形式，所以需要对这些信息进行转化，使其变换为先验分布的形式，之后才能利用贝叶斯方法与实物数据进行融合。

装备的测试性试验数据为成败型数据时，采用自然共轭分布的贝塔分布描述参数的分布情况。因此需要做的工作就是将这些先验信息转化为先验贝塔分布的形式。常用的转换方法有:矩匹配方法;置信下限法;两点法;最大熵法。

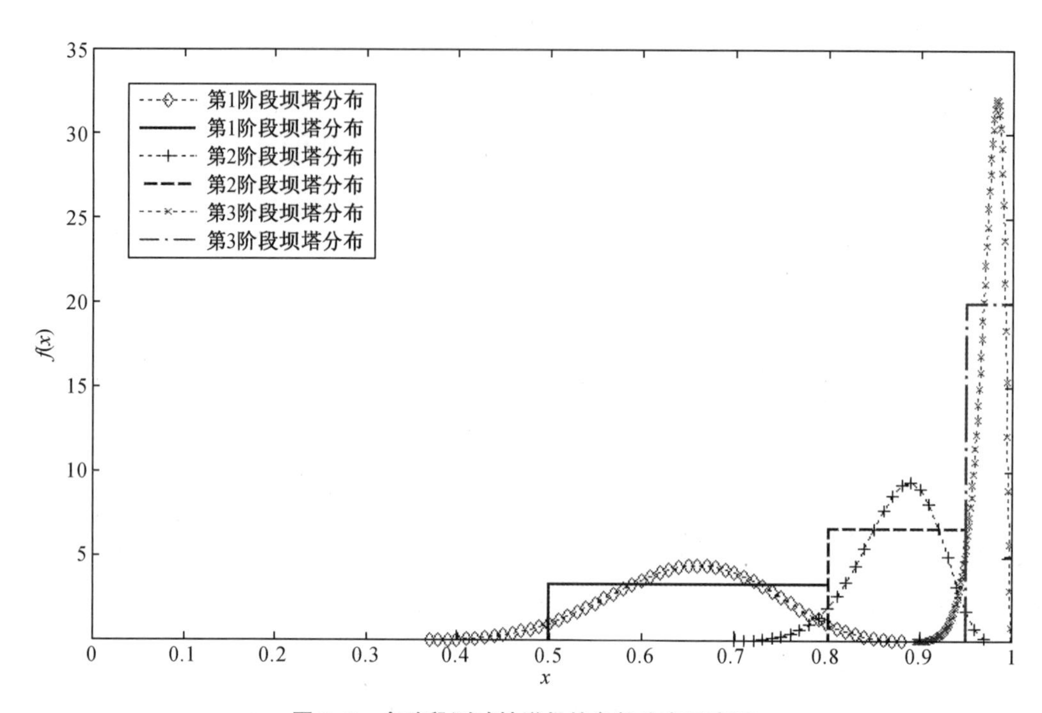

图 4-3 多阶段测试性增长的参数分布示意图

4.2.2.1 先验信息的转换方法

(1)矩匹配方法

假如由专家知识或工程经验得出参数 FDR/FIR 的分布形式为 $\pi_0(q)$,那么可以得到该分布的一阶矩和二阶矩,其表达式为

$$\begin{cases} q_{(1)} = E(q) = \int_0^1 q \cdot \pi_0(q)\,\mathrm{d}q \\ q_{(2)} = E(q^2) = \int_0^1 q^2 \cdot \pi_0(q)\,\mathrm{d}q \end{cases} \tag{4-2}$$

式中,$q_{(1)}$、$q_{(2)}$ 分别代表由已知分布得到的参数 q 的一阶矩与二阶矩。

由上章对贝塔分布的性质分析可知,贝塔分布 $Be(a,b)$ 的一、二阶矩分别为

$$\begin{cases} q_{(1)} = \dfrac{a}{a+b} \\ q_{(2)} = \dfrac{ab}{(a+b)^2(a+b+1)} \end{cases} \tag{4-3}$$

由式(4-2)与式(4-3)得到等效的贝塔分布参数为

$$\begin{cases} a = q_{(1)} \dfrac{q_{(1)} - q_{(2)}}{q_{(2)} - q_{(1)}^2} \\ b = (1 - q_{(1)}) \dfrac{q_{(1)} - q_{(2)}}{q_{(2)} - q_{(1)}^2} \end{cases} \tag{4-4}$$

(2)置信下限法

依据经验知识,工程中经常会给出参数的点估计 $\hat{q}$ 和在置信度为 ϑ 情况下的置信下限 q_L,其计算公式为

$$\begin{cases} \hat{q} = E(q) = \int_0^1 q \cdot \pi_0(q)\mathrm{d}q \\ \vartheta = \int_{q_L}^1 \pi_0(q)\mathrm{d}q \end{cases} \tag{4-5}$$

那么,贝塔分布的点估计和置信下限计算公式为

$$\begin{cases} \hat{q} = \dfrac{a}{a+b} \\ \vartheta = 1 - \int_0^{q_L} Be(q;a,b)\mathrm{d}q \end{cases} \tag{4-6}$$

式中,$\int_0^{q_L} Be(q;a,b)\mathrm{d}q$ 为不完全贝塔函数 $I_{q_L}(a,b)$。

通过式(4-5)和式(4-6),由给出的点估计和置信下限得到贝塔分布的参数 a,b。

(3)两点法

在工程中也有给出在两个置信度 ϑ_1、ϑ_2 对应的两个置信下限 q_{L1}、q_{L2} 的情况,那么由贝塔分布置信下限的公式可以得出

$$\begin{cases} I_{q_{L1}}(a,b) = 1 - \vartheta_1 \\ I_{q_{L2}}(a,b) = 1 - \vartheta_2 \end{cases} \tag{4-7}$$

由式(4-7)可以得到贝塔分布的参数 a,b。一般情况下取满足 $\vartheta_1=1-\vartheta_2$ 的置信度。

(4)最大熵法

如果在工程中给出的是参数的点估计 $\hat{q}$ 或者是在置信度为 ϑ 情况下的置信区间 $[q_L,q_H]$,其计算公式为

$$\begin{cases} \hat{q} = E(q) = \int_0^1 q \cdot \pi_0(q)\mathrm{d}q \\ \vartheta = \int_{q_L}^{q_H} \pi_0(q)\mathrm{d}q \end{cases} \tag{4-8}$$

对于贝塔分布,其熵函数为

$$\begin{aligned}H[\pi_0(q)] &= -\int_0^1 Be(q;a,b)\ln[Be(q;a,b)]\mathrm{d}q \\ &= \ln(\mathrm{B}) - \frac{a-1}{\mathrm{B}}\mathrm{B}_1 - \frac{a-1}{\mathrm{B}}\mathrm{B}_2 \\ &= H_{\mathrm{B}}(a,b)\end{aligned} \tag{4-9}$$

式中,B 为贝塔函数,$\mathrm{B} = \int_0^1 x^{a-1}(1-x)^{b-1}\mathrm{d}x$;$\mathrm{B}_1 = \int_0^1 x^{a-1}(1-x)^{b-1}\ln(x)\mathrm{d}x$;$\mathrm{B}_2 = \int_0^1 x^{a-1}(1-x)^{b-1}\ln(1-x)\mathrm{d}x$。

对于点估计,其约束条件为

$$\begin{cases}\hat{q} = \dfrac{a}{a+b} \\ H_{\mathrm{B}} = \max[H_{\mathrm{B}}(a,b)]\end{cases} \tag{4-10}$$

对于区间估计,其约束条件为

$$\begin{cases}\vartheta = \displaystyle\int_{q_{\mathrm{L}}}^{q_{\mathrm{H}}} \pi_0(q)\mathrm{d}q \\ H_{\mathrm{B}} = \max[H_{\mathrm{B}}(a,b)]\end{cases} \tag{4-11}$$

4.2.2.2 贝塔分布参数等效求解

对于通过专家知识或工程经验给出的区间估计值,一般情况下认为参数在给出的区间是服从均匀分布的。同时,工程上经常使用贝塔分布作为成败型数据的先验分布。所以,在均匀分布转换为贝塔分布的过程中,关键在于贝塔分布参数的求解。两类分布的等效示意图如图 4-4 所示。

那么,对于专家经验给出的区间$[q_{\mathrm{L}},q_{\mathrm{H}}]$,其先验均值和方差分别为

$$\begin{cases}\mu = \dfrac{q_{\mathrm{L}} + q_{\mathrm{H}}}{2} \\ \mathrm{Var} = \dfrac{(q_{\mathrm{H}} - q_{\mathrm{L}})^2}{12}\end{cases} \tag{4-12}$$

(1)先验知识为均匀分布情况下的贝塔分布参数求解

在给出的区间内是均匀分布的情况下,使用矩匹配方法得到贝塔分布 $Be(a,b)$ 的参数如表 4-1 所示。

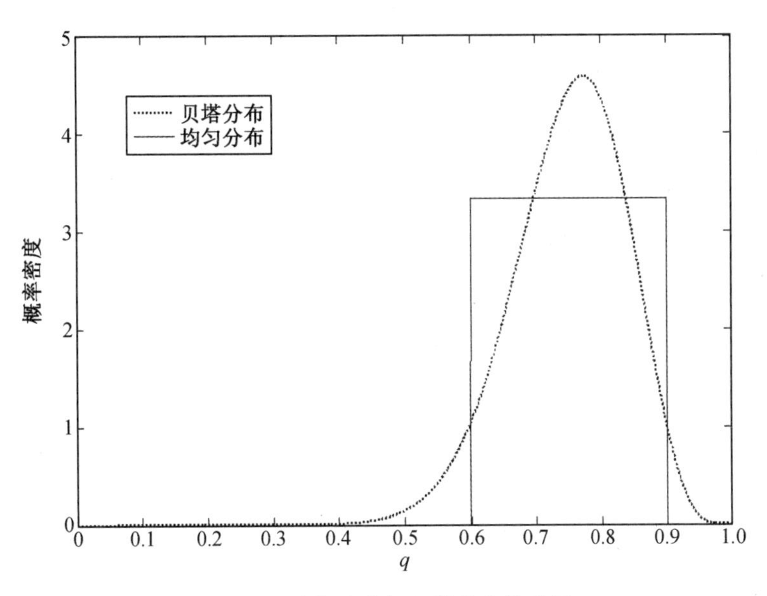

图 4-4　均匀分布与贝塔分布等效图

表 4-1　矩匹配法对分布区间得到的贝塔分布参数

$[q_L,q_H]$ (a,b)	[0.70,0.80] (168,56)	[0.80,0.90] (129.2,22.8)	[0.90,0.95] (307.1,24.9)	[0.95,1.00] (113.1,2.9)
$[q_L,q_H]$ (a,b)	[0.60,1.00] (8.8,2.2)	[0.70,1.00] (13.6,2.4)	[0.80,1.00] (23.4,2.6)	[0.90,1.00] (53.2,2.8)

当有多个专家给出多个区间估值时，这些区间大小不尽相同，需要根据对专家的信任程度进行权重分析，表示对各个区间估值的信任程度，实现对多个专家信息的融合。

设第 k 阶段的 FDR/FIR 估计区间为 $q_k \in [q_{k,L}, q_{k,H}]$，$m$ 个专家给出的 m 个区间估值为 $q_k^i \in [q_{k,L}^i, q_{k,H}^i]$，专家信任度为 ω_i，其中 $i=1,2,\cdots,m$。由此得到的综合多位专家信息之后 q_k 的均值和方差为

$$\begin{cases} E(q_k) = \sum_{i=1}^{m} \omega_i \dfrac{q_{k,L}^i + q_{k,H}^i}{2} \\ \mathrm{Var}(q_k) = \dfrac{1}{m} \sum_{i=1}^{m} \left[\dfrac{\omega_i^2 (q_{k,L}^i - q_{k,H}^i)^2}{12} + \dfrac{\omega_i^2 (q_{k,L}^i + q_{k,H}^i)^2}{4} \right] - \dfrac{1}{m^2} \left[\dfrac{\omega_i (q_{k,L}^i + q_{k,H}^i)}{2} \right]^2 \end{cases} \tag{4-13}$$

通常使用如下优化模型进行求解：

$$\begin{cases}\min(\mathrm{Var}-V_{\mathrm{B}})^2 \\ s.t\quad \begin{cases}\mu_{\mathrm{B}}=\mu \\ a>0, b>0\end{cases}\end{cases} \tag{4-14}$$

式中，μ_{B}、V_{B} 分别代表贝塔分布的期望和方差。

(2)最大熵法的贝塔分布参数求解

通过运算，得到使用点估计求取贝塔分布参数的数值如表 4-2 所示。

表 4-2　使用最大熵法对点估计得到的贝塔分布参数

q	a	b
0.70	1.965	0.842
0.80	3.478	0.869
0.90	8.345	0.927
0.95	18.28	0.962
0.99	98.27	0.993

使用相应置信度下的区间估计，求解得到贝塔分布参数的数值如表 4-3 所示。

表 4-3　用最大熵法对区间估计得到的贝塔分布参数

$[q_L, q_H]$	ϑ	a	b	$[q_L, q_H]$	ϑ	a	b
[0.80,0.90]	0.80	69.81	11.98	[0.90,0.99]	0.80	31.04	1.462
	0.90	114.7	19.60		0.90	51.55	2.284
	0.95	162.7	27.75		0.95	73.16	3.166
[0.85,0.95]	0.80	50.31	5.224	[0.95,0.99]	0.80	101.7	2.740
	0.90	82.57	8.481		0.90	166.9	4.398
	0.95	117.0	11.96		0.95	236.3	6.169

4.3　多阶段增长的测试性综合验证评价

在多阶段的增长过程中,其本质是综合运用各阶段的测试性信息,通过拟合某类增长模型,找到其中的增长规律,或者说是找出蕴含其中的“增长因子”,对装备的测试性水平进行合理的预测和评价,并依据判定标准确定装备的测试性水平是否达标。

4.3.1　基于装备改型的测试性综合验证评价

在装备的研制历史过程中,有些新型号是在老型号装备的基础上进行改进得到的,系列型号装备之间存在着一定的相似性。新、老产品之间的相似性在数学建模时可认为是“继承因子”,用 $\rho(\rho<1)$ 表示。因此,在对新型号装备进行测试性验证评价时,如果参考老型号装备的测试性水平,能够为测试性评价工作带来一定的方便。

4.3.1.1　考虑继承因子的测试性综合验证评价

(1)考虑继承因子的后验分布

假设由老产品得到的历史试验数据为 (n_i,f_i),$i=1,\cdots,m$。经过试验数据得到 FDR/FIR 的历史先验分布为

$$\pi_1(q)=Be(q;a,b) \tag{4-15}$$

式中,a 与 b 为先验分布参数。

假设现场试验数据为 $Y=(n,f)$,得到历史后验分布为

$$\pi_1(q\mid Y)=Be(q;a+n-f,b+f) \tag{4-16}$$

对于新产品对装备的更新作用,还没有历史数据,则其先验可认为是无信息先验分布,取 $\pi_2(q)=Be(1,1)$ 作为其更新的先验分布。得到现场试验数据 Y 之后,其更新后验分布为

$$\pi_2(q\mid Y)=Be(q;n-f+1,f+1) \tag{4-17}$$

那么综合考虑新、老产品结合并使用继承因子 ρ 的后验分布为

$$\pi(q\mid Y)=\rho\pi_1(q\mid Y)+(1-\rho)\pi_2(q\mid Y) \tag{4-18}$$

确定了改型装备的测试性参数后验分布之后,即可使用相应的点估计、区间估计或置信下限的求解方法,获取测试性参数值。

(2)继承因子的确定

继承因子 ρ 本质上就是产品之间的相似程度,其值域为 $\rho\in[0,1]$。$\rho=1$ 说明两产品要

素完全相同;$\rho=0$ 说明两产品所有要素均不相同。

对于继承因子的确定,应从装备的相似性出发,通过相似性分析得到装备对历史装备的继承程度。一般从设计原理、工作原理、结构组成、功能、材料、工作环境等要素来评价产品的相似程度。

假设由产品间相似要素的数量得到的相似度为 ρ_c,由所有相似要素得到的相似度为 ρ_e,那么继承因子

$$\rho=\rho_c\cdot\rho_e$$

式中

$$\rho_c=\frac{N_S}{N_A+N_B-N_S} \tag{4-19}$$

其中,N_A 是产品 A 具有的要素数量;N_B 是产品 B 具有的要素数量;N_S 是两者相似要素的数量。

$$\rho_e=\sum_{i=1}^{N_S} w_i\cdot e_i \tag{4-20}$$

式中,e_i 为某一相似要素中第 i 个相似元素的量值;w_i 是 e_i 的权重。

那么,两个产品之间相似程度的计算公式为

$$\rho=\rho_c\cdot\rho_e=\frac{N_S}{N_A+N_B+N_S}\cdot\sum_{i=1}^{N_S} w_i\cdot e_i \tag{4-21}$$

案例分析

在实际的工程使用中,考察产品的相似度主要从产品结构组成、功能、设计原理、工作原理、材料和工作环境等6个方面进行比较。由于新产品是在老产品的基础上通过改进或改型得到的,所以这6个要素都是相似要素,因此可认为 $N_A=N_B=N_S=6$,即 $\rho_c=1$。因此继承因子的计算公式可以写作

$$\rho=\rho_c\cdot\rho_e=\sum_{i=1}^{N_S} w_i\cdot e_i \tag{4-22}$$

由专家经验和工程信息得到的两个产品的相似情况如表4-4所示。

表4-4　两个产品的相似情况

要素	结构组成	功能	设计原理	工作原理	材料	工作环境
相似度	0.80	0.85	0.90	0.95	0.80	1.00
权重	0.20	0.17	0.13	0.15	0.23	0.12

由表中数据经过计算可以得到其相似度的大小为 $\rho=0.8680$。

以 FDR 为例,得到某雷达装备新老产品的试验数据如表 4-5 所示。

表 4-5 某雷达装备新老产品的试验数据

	试验批次	成功数	失败数
历史产品 *A*	50	45	5
	45	42	3
	30	29	1
改型产品 *B*	10	8	2

经过计算得到的历史产品先验分布的参数值为 $a=51.33$,$b=3.67$。结合其他数据得到综合的后验分布为

$$\pi(q \mid Y)=0.8680Be(59.33,5.67)+0.1320Be(9,3) \tag{4-23}$$

使用传统方法、经典贝叶斯方法与继承因子的方法分别进行计算,得到相应测试性参数 FDR 的点估计、置信下限、区间估计值以及结论,如表 4-6 所示。

表 4-6 三类评估方法的测试性参数估计值及相应结论

方法	点估计	置信下限	区间估计	结论
		(置信度为 0.9)		
传统方法	0.80	0.63	[0.57,0.95]	拒收
经典贝叶斯方法	0.912 8	0.86	[0.84,0.96]	接收
继承因子的方法	0.891 3	0.81	[0.72,0.96]	接收

当最低可接受值 $q_1=0.8$ 时,改型产品的测试性水平是可以接受的;如果不考虑先验数据而直接使用现场试验数据时,其置信下限仅为 0.63,将会给出拒收的结论。由此可知,在装备改型时,需要考虑老型装备的试验数据等先验信息,才能得到更加可信的评价结果和验收结论。

由上表也可以看出,老产品经过多次的试验与改进,测试性设计比较成熟。新产品是在原有基础上经过改造的,测试性试验和改进次数较少,它的测试性水平比老产品低。如果不考虑对老产品的继承情况,使用传统方法得到测试性水平较低的评价结果;如果认为是完全继承老产品的优点,将会得到测试性水平较高的评价结果;在考虑继承因子后,新产

品是对老产品的部分继承,得到的测试性水平是比较适中的,也更加符合客观实际。这是因为新产品既有对老产品的继承,也有部分新的改进,所以其测试性水平兼顾考虑了继承与改进的因素。

4.3.2 多阶段试验的测试性综合验证评价

4.3.2.1 多阶段试验的测试性评价

依据专家给出某单元的区间估计值为$[q_L, q_H]$,使用前面介绍过的先验信息与贝塔分布的转换方法,得到该单元的先验贝塔分布参数 a_0 与 b_0,那么其先验贝塔分布为 $Be(a_0, b_0)$。如果采用定时截尾多阶段试验方案,在第一个阶段试验之后,得到第一阶段的试验数据为(n_1, f_1),那么依据上一章推导的贝塔后验分布公式得到第一阶段的后验分布为$Be(a_0+n_1-f_1, b_0+f_1)$。在获取第二阶段的试验数据(n_2, f_2)之后,第二阶段的后验分布为$Be(a_0+n_1-f_1+n_2-f_2, b_0+f_1+f_2)$……以此类推。

假设经历了 m 个阶段,其后验分布与点估计值分别为

$$\begin{cases} Be\left(a_0 + \sum_{i=1}^{m}(n_i - f_i), b_0 + \sum_{i=1}^{m} f_i\right) \\ \hat{q} = \dfrac{a_0 + \sum_{i=1}^{m}(n_i - f_i)}{a_0 + b_0 + \sum_{i=1}^{m} n_i} \end{cases} \tag{4-24}$$

因此,采用定时截尾多阶段试验时,在获取了各阶段试验数据后,依据公式得到各阶段装备测试性的参数估值。

案例分析

以某型雷达装备中两个单元的 FDR 为例进行分析。利用式(4-14)的最优化方法,将经验值转化为贝塔分布,在结合第一阶段的试验数据得到第一阶段的后验分布,其后验均值就是 FDR 的值;进行第二阶段的试验后,继续融合试验数据,得到第二阶段的后验均值,试验结束后得到相应的 FDR 值。进行了两个试验阶段后的后验分布及后验均值如表 4-7 所示。

表 4-7　序贯试验下的测试性评估

功能单元 1	区间估计	先验分布	功能单元 2	区间估计	先验分布
方位相敏检波放大器	[0.76,0.85]	(186.4,45.2)	谐振放大器	[0.81,0.90]	(156.2,26.5)
第一阶段 试验数据	第一阶段 后验分布	第一阶段 后验均值	第一阶段 试验数据	第一阶段 后验分布	第一阶段 后验均值
(32,3)	(215.4,48.2)	0.817 1	(28,3)	(181.2,29.5)	0.860 0
第二阶段 试验数据	第二阶段 后验分布	第二阶段 后验均值	第二阶段 试验数据	第二阶段 后验分布	第二阶段 后验均值
(15,1)	(230.3,49.2)	0.824 0	(18,1)	(198.2,30.5)	0.866 7

4.3.2.2　多阶段贝叶斯融合的测试性验证评价

获取了大量的单元、分系统的试验信息，使用多阶段贝叶斯融合方法对产品的测试性水平进行验证和评价。其思想为依据每个阶段的试验数据，建立测试性水平服从特定参数的贝塔分布，之后将这些各阶段的分布与实物试验数据进行融合，最终得到产品的 FDR/FIR 分布情况，据此可求出相应的参数值。

假设总共经历了 m 个试验阶段，每个试验阶段产品的测试性水平服从参数为 (a_i,b_i) $(i=1,\cdots,m)$ 的贝塔分布。其数学模型为

$$\begin{cases} \pi_1(q)=Be(q;a_1,b_1) \\ \cdots \\ \pi_i(q)=Be(q;a_i,b_i) \\ \cdots \\ \pi_m(q)=Be(q;a_m,b_m) \end{cases}$$

现场试验数据为 $Y=(n,f)$，$s=n-f$，依据贝叶斯公式经过融合之后得到的后验分布为

$$\pi(q \mid Y)=\frac{L(q \mid Y)\sum_{i=1}^{m}\pi_i(q)}{\int_0^1 L(q \mid Y)\sum_{i=1}^{m}\pi_i(q)\mathrm{d}q} \tag{4-25}$$

结合具体的贝塔分布与现场数据，其后验分布可以写作

$$\pi(q \mid Y)=\frac{L(q \mid Y)\sum_{i=1}^{m}Be(q;a_i,b_i)}{\int_0^1 L(q \mid Y)\sum_{i=1}^{m}Be(q;a_i,b_i)\mathrm{d}q}=\sum_{i=1}^{m}\lambda_i \cdot Be(q;a_i+s,b_i+f) \tag{4-26}$$

式中，λ_i 为各个先验分布经过融合得到的后验权重：

$$\lambda_i = \frac{\int_0^1 L(q \mid Y) Be(q;a_i,b_i)\mathrm{d}q}{\int_0^1 L(q \mid Y) \sum_{i=1}^{m} Be(q;a_i,b_i)\mathrm{d}q} \tag{4-27}$$

在求解出后验分布之后，即可依据测试性参数估计方法，得到相应的数值。多阶段试验的贝叶斯融合方法，其本质是多层贝叶斯方法，它使用贝叶斯的方法将多层的先验信息与现场试验数据进行融合，得到融合多源验前信息、更加可信的综合评价结果。

案例分析

以雷达装备某个单元的试验数据为基础进行分析，其多阶段成败型试验数据如表 4-8 所示。

表 4-8　多阶段成败型试验数据

阶段	试验次数	成功次数	失败次数
1	65	58	7
2	59	53	6
3	55	52	3
4	51	50	1

现场试验数据(n,f)为$(8,2)$，由此得到其后验分布为

$$\pi(q \mid Y) = \lambda_1 Be(64,9) + \lambda_2 Be(59,8) + \lambda_3 Be(58,5) + \lambda_4 Be(56,3) \tag{4-28}$$

式中，$\lambda_1 = 0.411\,3$，$\lambda_2 = 0.382\,9$，$\lambda_3 = 0.166\,7$，$\lambda_4 = 0.039\,1$。

使用传统方法与综合后验分布方法对这两种方法进行验证评价，经运算得到的点估计、置信下限、区间估计以及验收结论列于表 4-9 中。

表 4-9　多阶段贝叶斯融合方法的参数估计值

计算方法	点估计	置信下限（置信度为 0.9）	区间估计（置信度为 0.9）	结论
传统方法	0.75	0.547 4	[0.479 2,0.946 6]	拒收
多阶段贝叶斯方法	0.890 4	0.832 4	[0.814 3,0.956 1]	接收

不考虑多阶段的先验试验数据而直接使用现场试验数据,其点估计为 0.75,置信下限仅为 0.5474,这样的结果是难以接受的;最低可接受值为 0.80 时,使用贝叶斯方法能够给出接收的结论。所以将以前阶段的试验数据作为验前信息综合考虑,将会得到更加客观的结果。

4.3.3　基于增长模型的测试性预测与验证评价

装备的测试性水平随着“试验—改进”呈现增长的趋势,对于这种增长趋势可以建立相应的增长模型来描述内在的增长规律,并通过几组现有的试验数据,确定增长模型中的参数,实现对增长模型的求解。利用增长模型,可以实现对未来阶段产品测试性的预测,能够预先掌握装备未来阶段的测试性水平。

4.3.3.1　Duane 增长模型的测试性验证评价

(1) Duane 增长模型

该学习特性曲线函数为

$$N(t) = \lambda t^{\tau} \tag{4-29}$$

式中,λ 为尺度参数,$\lambda>0$;τ 为增长率,$0<\tau<1$;t 为累积的试验时间。该式的含义为产品在累积的试验时间 t 内,累积的失效次数为 $N(t)$。

在测试性领域中结合成败型试验数据的特点,可利用该增长模型,对其的含义进行转化,得到如下的形式:

$$N(f) = \lambda N^{\tau} \tag{4-30}$$

式中,$N(f)$ 为在测试性试验中故障检测/隔离失败的累积次数;N 为累积试验次数。

由于在装备的测试性增长过程中,随着试验累积次数的增加,其检测/隔离失败次数也是逐渐增加的,但其增加的速率变慢,这种情况使用 Duane 模型是合适的。

装备的测试性试验一般是按阶段进行的,如果一共进行了 m 个阶段试验,那么可以使用式(4-30)得到第 $i(i=1,\cdots,m)$ 个试验阶段之后 $N_i(f)$ 与 N_i 的关系公式:

$$N_i(f) = \lambda N_i^{\tau} \tag{4-31}$$

由于各个阶段相互独立,将第 j 个阶段的检测/隔离失败次数记为 f_j,所以累积失败次数与每阶段失败次数的关系为

$$N_i(f) = \sum_{j=1}^{i} f_j \tag{4-32}$$

由式(4-31)与式(4-32)可得到第 i 个阶段的试验总次数为

$$N_i = \frac{1}{\lambda'}[N_i(f)]^{\tau'} \tag{4-33}$$

式中，$\lambda' = \sqrt[\tau]{\lambda}$，$\tau' = 1/\tau$。

那么，第 i 阶段的试验次数 n_i 可表示为

$$n_i = N_i - N_{i-1} = \frac{1}{\lambda'}\{[N_i(f)]^{\tau'} - [N_{i-1}(f)]^{\tau'}\} \tag{4-34}$$

由各阶段的失败次数以及试验次数，可以得到第 i 阶段的 FDR/FIR 值为

$$q_i = 1 - \frac{f_i}{n_i} = 1 - \frac{\lambda' f_i}{[N_i(f)]^{\tau'} - [N_{i-1}(f)]^{\tau'}} \tag{4-35}$$

由第一阶段的试验数据可得：$q_1 = 1-\lambda' f_1^{1-\tau'}$。因为 q_1 是属于[0,1]的数值，f_1 是大于等于 1 的正整数，所以可以知道：$\lambda' \in (0,1)$，$\tau'>1$ 时，q_i 随着阶段试验的进行呈增长趋势。

下面给出增长模型参数求解方法，经历了 m 个试验阶段之后测试性参数的极大似然函数为

$$L(q \mid n_i, f_i) = C_{n_i}^{f_i} q^{n_i - f_i}(1-q)^{f_i} \tag{4-36}$$

由式(4-35)与式(4-36)联立，即可求出增长模型中参数 λ' 与 τ' 的值。

(2)基于 Duane 模型的测试性验证评价

当得到了增长模型中的参数后，即可实现对下一试验阶段 FDR/FIR 的预测。对于 Duane 模型，由式(4-35)可以得到第 $m+1$ 阶段的参数预测值为

$$q_{m+1} = 1 - \frac{\lambda' f_{m+1}}{[N_{m+1}(f)]^{\tau'} - [N_m(f)]^{\tau'}} \tag{4-37}$$

从上式可以看出，进行参数预测的条件是：在具有了第 $m+1$ 个阶段的失败次数之后，才能得到相应参数预测值。

当得到了第 $m+1$ 阶段的参数预测值 q_{m+1} 时，使用前面所述的最大熵法的点估计与贝塔分布等效公式，将其转换为先验贝塔分布的形式，与现场试验数据进行贝叶斯融合，得到装备在现实情况下的参数的后验分布情况，据此可得到装备测试性的各类参数估值与风险分析值，从而进行测试性的验证与评价。

案例分析

某雷达装备系统进行了三个阶段的试验，以故障检测率为例，研制过程中各阶段的试验数据如表 4-10 所示。

表 4-10　某雷达装备系统研制阶段试验数据

阶段	试验次数	成功次数	失败次数	阶段性参数估值
$i=1$	17	13	4	0. 764 7
$i=2$	12	10	2	0. 833 3
$i=3$	8	7	1	0. 875 0

在合同中,q_0 为 0. 95,q_1 为 0. 85,α 与 β 均为 20%。现场试验数据为(6,0)。利用增长模型的求解方法,结合研制阶段的试验数据,得到增长模型中的参数分别为 $\lambda'=1.0796$,$\tau'=2.0990$。那么使用该增长模型重新拟合各阶段的参数值,得到如图 4-5 所示的图形。

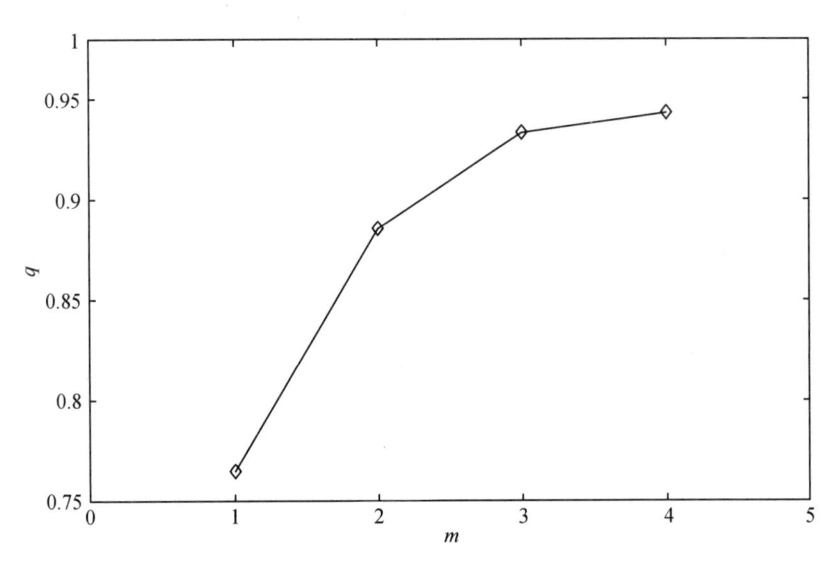

图 4-5　Duane 离散增长模型下各阶段的参数拟合值

当获取现场试验数据后,该阶段的 FDR 预测值为 $q_4=0.9438$。采用最大熵法得到的现场试验阶段的先验分布超参数为 $a=17.0481$,$b=1.0152$。

所以,现场试验阶段的先验分布为 $Be(17.0481,1.0152)$。结合现场试验数据,获得该阶段的参数的后验分布为 $Be(23.0481,1.0152)$。由采用传统方法、简单融合方法以及增长模型方法的三种统计计算方法,得到相应的测试性参数值及实际风险值列于表 4-11 中。

表 4-11　三种方法得到的测试性评估结果

使用方法	点估计	置信下限	置信区间	实际风险	验收
		（置信度为 0.9）		(α,β)	结论
传统方法	1.000 0	0.681 3	[0.472 8,0.987 2]	$\alpha=0.2649$, $\beta=0.5314$	拒收
简单融合方法	0.810 8	0.725 7	[0.697 3,0.905 0]	$\alpha=0.0628$, $\beta=0.4007$	拒收
增长模型方法	0.957 8	0.903 9	[0.877 0,0.997 6]	$\alpha=0.0905$, $\beta=0.0060$	接收

如果按照合同的要求进行验证试验，依据传统经典方法得到的验证试验方案为(28,2)，而现场也只有 5 个样本。在只有现场数据的条件下，使用方风险值大幅增加，使用方难以承受，而承制方的风险也比较大，因此在仅仅使用现场试验数据时，样本量太少会使双方的风险大幅增加；使用简单融合方法，扩大了可以使用的试验数据量，双方风险有所降低，但是难以达到合同的要求；当使用增长模型的方法时，测试性参数估计值以及双方风险都在规定的范围之内，完全可以给出接收的结论。

分析这几种试验数据的处理方法，增长模型的方法能够在较少现场试验数据的条件下给出高水平、高置信度的验证评价结果。究其原因在于，增长模型的方法通过各阶段的试验数据将装备测试性增长的趋势提取出来，对现场试验阶段的测试性水平有一个基于增长趋势的预测，并能够融合小子样实物数据，得到最终的综合验证评价结果。

基于 Duane 增长模型的测试性综合验证评价方法，对增长趋势描述的主要依据是：随着试验阶段的推进，检测/隔离失败次数逐步减少。在这种情况下，它对失败数据的依赖比较严重。

4.3.3.2　Gompertz 增长模型的测试性验证评价

下面研究基于 Gompertz 增长模型的测试性综合验证评价方法。

(1) Gompertz 增长模型

该模型用来描述离散的增长过程，符合延缓纠正试验的特点，所以使用该模型描述测试性的增长过程是合理的。Gompertz 学习曲线特性的数学模型为

$$E[q(t)] = \lambda\delta^{c^t} \tag{4-38}$$

式中，$q(t)$ 表示在 t 时刻参数估计值，$0<\lambda<1$，$0<\delta<1$，$0<c<1$。

该数学模型不仅可以评估当前的测试性水平，也可以预测未来的测试性水平。该模型中每个参数都具有物理工程意义，λ 表示参数估计值的上限，即当 $t\to\infty$ 时，$q(t)=\lambda$；$\lambda\delta$ 是产品的初始测试性水平，当 $t\to 0$ 时，$q(t)=\lambda\delta$；δ 是初始测试性水平与极限测试性水平之比；

c 反映增长的速度，c 越小，增长速度越快，c 越大，增长速度越小。

如果在研制阶段有 M 组试验数据（$M=3m$，m 为正整数），试验采用延缓纠正方式对没有检测/隔离到的故障进行分析、排除和改进。设 j 代表各阶段试验（$j=0,1,\cdots,3m-1$），则每组试验之后装备的测试性水平将会得到增长。将试验的组数 j 作为变量时，其数学模型可以改写为如下形式：$E[q(j)]=\lambda\delta^{c^j}$，代表参数是随各组试验增长的，对该增长模型进行求解，过程如下：

对 $E[q(j)]=\lambda\delta^{c^j}$ 进行对数变换，得到 $\ln(q(j))=\ln\lambda+c^j\ln\delta$，则

$$\begin{cases} S1 \triangleq \sum_{j=0}^{m-1} \ln(q(j)) = m\ln\lambda + \ln\delta \sum_{j=0}^{m-1} c^j \\ S2 \triangleq \sum_{j=m}^{2m-1} \ln(q(j)) = m\ln\lambda + \ln\delta \sum_{j=m}^{2m-1} c^j \\ S3 \triangleq \sum_{j=2m}^{3m-1} \ln(q(j)) = m\ln\lambda + \ln\delta \sum_{j=2m}^{3m-1} c^j \end{cases} \tag{4-39}$$

三式联立，求得参数 c 的估计值为

$$\hat{c} = \left[\frac{S3 - S2}{S2 - S1}\right]^{\frac{1}{m}} \tag{4-40}$$

并得出 λ、δ 参数估计值的求解公式为

$$\begin{cases} \hat{\lambda} = \exp\left\{\frac{1}{m}\left[S1 + \frac{S2 - S1}{1 - c^m}\right]\right\} \\ \hat{\delta} = \left\{\frac{(S2 - S1)(c - 1)}{(1 - c^m)^2}\right\} \end{cases} \tag{4-41}$$

那么产品的测试性增长 Gompertz 公式为

$$\hat{q}(j) = \hat{\lambda}\hat{\delta}^{\hat{c}^j} \tag{4-42}$$

（2）基于 Gompertz 模型的测试性参数预测与验证评价

在求出增长公式的基础上，可以对下一阶段试验得到的参数进行预测，那么对第 $j+1$ 阶段的预测值计算公式为

$$\hat{q}(j+1) = \hat{\lambda}\hat{\delta}^{\hat{c}^{j+1}} \tag{4-43}$$

当得到了第 $j+1$ 阶段的参数预测值之后，进行测试性验证评价的方法与前述方法相同。使用前面所述的最大熵法的点估计与贝塔分布等效公式，将其转换为先验贝塔分布的形式，与现场试验数据进行贝叶斯融合，得到装备在现实情况下的参数的后验分布情况，据此可得到装备测试性的各类参数估值与风险分析值，进行测试性的验证与评价。

案例分析

同样使用 Duane 增长模型中表 4-10 的试验数据进行分析，主要是为了分析两种增长模型对增长趋势的拟合效果。使用相应的试验数据进行求解，得到相应的参数值分别为 $\lambda=0.9329$，$\delta=0.8197$，$c=0.5677$，依据式(4-42)得到测试性增长公式为

$$\hat{q}(j)=0.9329\times 0.8197^{0.5677^{j}} \tag{4-44}$$

当求解出模型参数后，使用该增长公式重新对各阶段的参数估计值进行拟合，得到的增长特性曲线如图 4-6 所示。并且得到使用该增长模型得到的前五个阶段的参数估值，分别为 0.7647、0.8333、0.8750、0.8996、0.9138。可以看出，该曲线光滑，研制各阶段的参数拟合值与各阶段的参数估值是相同的，同时能够对未来的多个阶段的参数值进行预测，各阶段的参数值是逐步增长的过程。

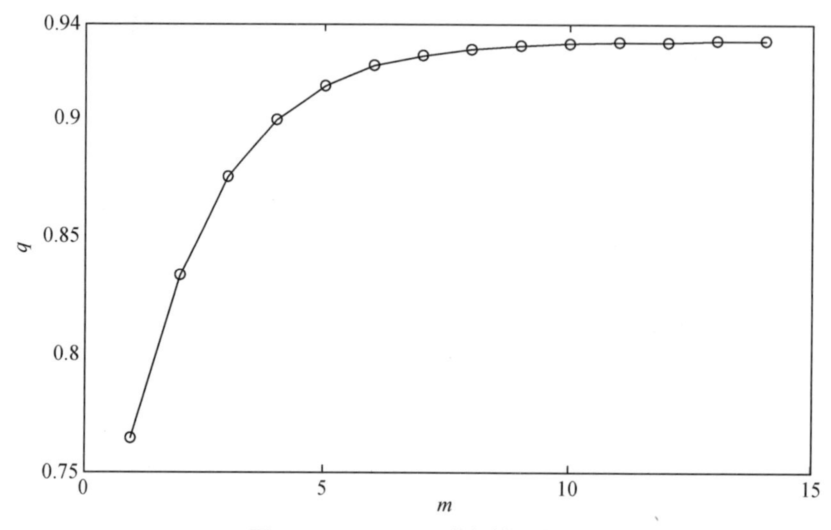

图 4-6　Gompertz 增长模型曲线

当 $j=3$ 时，即在现场试验阶段的参数预测值为 $q(3)=0.8996$。采用最大熵法得到的现场试验阶段的先验分布超参数为 $a=8.3040$，$b=0.9268$。所以，现场试验阶段的先验分布为 $Be(8.3040, 0.9268)$。结合现场试验数据，获得该阶段参数的后验分布为 $Be(14.3040, 0.9268)$。经过运算，得到的测试性参数估值与验证结果如表 4-12 所示。

表 4-12　Gompertz 增长模型得到的测试性验证评价结果

方法	点估计	置信下限（置信度为 0.9）	区间估计（置信度为 0.9）	实际风险	验收结论
增长模型	0.9392	0.8586	[0.8188, 0.9972]	$\alpha=0.1994$，$\beta=0.0357$	接收

在相同的试验数据条件下，由 Gompertz 增长模型得到的测试性验证评价结果仍是比较理想的，它能够通过试验数据将蕴含其中的增长趋势提取出来，对未来阶段的测试性参数估值进行预测，得到的参数估值与双方风险都在允许范围之内，所以验收结论为接收。

由此可知，该模型与 Duane 增长模型同样能够描述测试性的增长趋势，并都能够在小子样条件下实现对装备测试性的验证评价。两者相比，Duane 模型对参数的估计波动性大，稳定性有待提高，得到的数据比 Gompertz 模型理想。

4.4　基于狄氏分布测试性增长的综合验证评价

Dirichlet（狄利克雷）分布又可称为狄氏分布，是一种常用的多维分布。由于在装备试验中存在成败类型的数据，所以有些研究人员将狄氏分布引入可靠性与测试性的统计与评价中，扩展了狄氏分布的使用范围，同时对全寿命周期的装备性能评价能够实现良好的评价与预测的功能。对于整体规划情况下的先验信息，一般是以连续区间的形式给出。在工程应用过程中，专家也会依据对装备的熟悉程度给出不同区间大小以及不同区间形式的先验估计值。

其中 Mazzuchi、Soyer 等将次序狄氏分布用于可靠性的增长评价中，Li 等人在研究次序狄氏分布的基础上，提出一种改进狄氏分布的可靠性增长过程的评价方法。李天梅将次序狄氏分布的增长评价方法创新地应用到了测试性增长评价中，并对模型的稳健性进行了分析。明志茂将改进的狄氏分布应用到可靠性的增长评价中，使用 Gibbs 抽样的方法对后验数值进行了计算，并分析了次序狄氏分布与改进狄氏分布对试验数据的拟合度。可见，狄氏分布对于整体增长规划型的性能评价有着良好的作用，因此本书将改进狄氏分布的评价方法引入测试性领域中，实现对增长过程的测试性评价。

4.4.1　狄氏分布及其性质

狄氏分布是对贝塔分布的推广使用，并在多元分布理论中发挥着重要的作用。

定义 4.1　有一个随机向量 $\boldsymbol{X}=(x_1,x_2,\cdots,x_n)'$，如果满足：

（1）对于任意 $i(1\leqslant i\leqslant n)$，存在 $0\leqslant x_i\leqslant 1$，且 $\sum_{i=1}^{n} x_i = 1$；

（2）$\boldsymbol{X}$ 的密度函数为

$$f(x_1,\cdots,x_{n-1}\mid\boldsymbol{\alpha}) = \frac{\Gamma(\alpha_0)}{\prod_{i=1}^{n}\Gamma(\alpha_i)}\prod_{i}^{n-1} x_i^{\alpha_i-1}\left(1-\sum_{i=1}^{n-1}x_i\right)^{\alpha_n-1} \tag{4-45}$$

式中，$\boldsymbol{\alpha}=(\alpha_1,\alpha_2,\cdots,\alpha_n)$；$\alpha_0=\sum_{i=1}^{n}\alpha_i,\alpha_i>0$。

则 $\boldsymbol{X}$ 服从狄氏分布，记作：$(x_1,\cdots,x_n)'\sim D_n(\alpha_1,\cdots,\alpha_n)$。

特别地，当 $n=2$ 时，狄氏分布就是贝塔分布 $Be(\alpha_1,\alpha_2)$。也就是说，贝塔分布是狄氏分布在 $n=2$ 时的分布情况。

狄氏分布具有的性质：

性质 1：如果 $x_1,\cdots,x_n$ 为相互独立的随机变量，且 $x_i\sim\Gamma(\alpha_i,1)$，那么对于 $y_i=x_i/(x_1+\cdots+x_n)$，有

$$(y_1+\cdots+y_n)\sim D_n(\alpha_1,\cdots,\alpha_n)\text{，其中 } i=1,\cdots,n\text{。}$$

性质 2：如果$(x_1,\cdots,x_n)\sim D_n(\alpha_1,\cdots,\alpha_n)$，有

$$(x_1,\cdots,x_m)\sim D_{m+1}(\alpha_1,\cdots,\alpha_m;\alpha_{m+1},\cdots,\alpha_n)\text{，其中 } m<n\text{。}$$

特殊地有

$$x_i\sim Be\left(\alpha_i,\sum_{j=1,j\neq i}^{n}\alpha_j\right)\text{，其中 } i=1,\cdots,n\text{。}$$

该性质说明，其中的每一个分量都服从贝塔分布。

性质 3：如果$(x_1,\cdots,x_n)\sim D_n(\alpha_1,\cdots,\alpha_n)$，有

$$(x_1+\cdots+x_m)\sim Be(\alpha_1+\cdots+\alpha_m;\alpha_{m+1}+\cdots+\alpha_n)\text{，其中 } 1<m<n\text{。}$$

该性质具有的普遍意义是：如果

$$y_1=x_1+\cdots+x_{n_1},y_2=x_{n_1+1}+\cdots+x_{n_2},\cdots,y_m=x_{n_{m-1}}+\cdots+x_n$$

有

$$(y_1,\cdots,y_m)\sim D_m(\alpha_1',\cdots,\alpha_m')$$

式中

$$\alpha_1'=\alpha_1+\cdots+\alpha_{n_1},\alpha_2'=\alpha_1+\cdots+\alpha_{n_2},\cdots,\alpha_m'=\alpha_1+\cdots+\alpha_{n_m}$$

性质 4：如果$(x_1,\cdots,x_{n-1})\sim D_n(\alpha_1,\cdots,\alpha_{n-1};\alpha_n)$，它的混合原点矩为

$$\mu_{q_1,\cdots,q_{n-1}}=E(x_1^{q_1},\cdots,x_{n-1}^{q_{n-1}})=\frac{\Gamma(\alpha_1+q_1)\cdots\Gamma(\alpha_{n-1}+q_{n-1})\Gamma(\alpha_n)\Gamma(\alpha_0)}{\Gamma(\alpha_1)\cdots\Gamma(\alpha_n)\Gamma(\alpha_0+q_1+\cdots+q_{n-1})}$$

对于其中的单个向量 x_i，有

$$E(x_i)=\alpha_i/\alpha_0,\mathrm{Var}(x_i)=\frac{\alpha_i(\alpha_0-\alpha_i)}{\alpha_0^2(\alpha_0+1)},\mathrm{cov}(x_i,x_j)=\frac{-\alpha_i\alpha_j}{\alpha_0^2(\alpha_0+1)}$$

4.4.2 次序狄氏分布的增长模型

4.4.2.1 次序狄氏分布的数学模型

在狄氏分布下，假设 $\boldsymbol{q}=(q_1,q_2,\cdots,q_{m+1})$，$\boldsymbol{\alpha}=(\alpha_1,\alpha_2,\cdots,\alpha_{m+1};\alpha_{m+2},\alpha_{m+3})$，并且 $\boldsymbol{q}$ 满足

式(4-1)的序化关系,使用 $\boldsymbol{\alpha}$,β 作为狄氏分布的参数。那么 $\boldsymbol{q}$ 的先验概率密度函数为

$$\pi(\boldsymbol{q}\mid\boldsymbol{\alpha},\beta)=\frac{\Gamma(\beta)}{\prod_{i=1}^{m+3}\Gamma(\beta\alpha_i)}\prod_{i=1}^{m+3}(q_i-q_{i-1})^{\beta\alpha_i-1} \tag{4-46}$$

式中,α_i 为阶段间测试性增长的幅度,$\alpha_i>0$, $\sum_{i=1}^{m+3}\alpha_i=1$;$\beta$ 为先验分布参数;$q_0=0$,$q_{m+3}=1$。

由狄氏分布的性质 2 可知,式(4-46)的边缘分布为贝塔分布,即

$$q_i\sim Be(\beta\alpha_i^*,\beta(1-\alpha_i^*)) \tag{4-47}$$

$$q_i-q_j\sim Be(\beta(\alpha_i^*-\alpha_j^*),\beta(1-\alpha_i^*+\alpha_j^*)),i>j \tag{4-48}$$

$$\frac{q_j}{q_i}\sim Be(\beta\alpha_j^*,\beta(\alpha_i^*-\alpha_j^*)),i>j \tag{4-49}$$

式中,α_i^* 代表第 i 阶段的先验测试性水平, $\alpha_i^*=\sum_{k=1}^{i}\alpha_k$ 。

所以,次序狄氏分布实际上是一个多元贝塔分布。参考贝塔分布的性质,可以得到次序狄氏分布的均值和方差为

$$\begin{cases}E[q_i]=\alpha_i^*\\ \mathrm{Var}[q_i]=\dfrac{\alpha_i^*\cdot(1-\alpha_i^*)}{\beta+1}\end{cases} \tag{4-50}$$

依据狄氏分布的性质有

$$\alpha_i=E[q_i]-E[q_{i-1}] \tag{4-51}$$

而次序狄氏分布的均值与方差估值可改写为

$$\begin{cases}\hat{q}_i=E[q_i]=\sum_{j=1}^{i}\alpha_j\\ \hat{v}_i=\mathrm{Var}[q_i]=\dfrac{\left(\sum_{k=1}^{i}\alpha_k\right)\left(\sum_{j=i+1}^{m+1}\alpha_j\right)}{\beta+1}\end{cases} \tag{4-52}$$

如果对装备每个阶段的测试性水平都有所了解,那么就很容易确定参数 $\boldsymbol{\alpha}$ 的值。参数 $\boldsymbol{\alpha}$ 的含义为对应各阶段测试性水平(FDR/FIR)的增长幅度。通常在早期 FDR/FIR 增长幅度较大,对应的 $\boldsymbol{\alpha}$ 的参数值较大。在后期阶段,测试性水平已经比较高,想要再提高就比较困难,增长幅度较小,对应 $\boldsymbol{\alpha}$ 的参数值较小。参数 β 表示工程技术人员对测试性参数先验估计值的置信度。对于确定的 $\boldsymbol{\alpha}$ 值,由其方差的公式可以看出,β 越大(小),得到的先验标准差越小(大),进而说明对参数先验估计值的置信度越高(低)。

4.4.2.2　先验参数的确定方法

对于先验分布参数的确定,依据 Mazzuchi 和 Soyer 的方法,由分布式(4-46)得到的联

合分布的极大值点等于相应的参数 FDR/FIR 先验估计值,所以有

$$\boldsymbol{q}=(q_1,q_2,\cdots,q_{m+1})=\left(\frac{\beta\alpha_1^*-1}{\beta-(m+3)},\frac{\beta\alpha_2^*-1}{\beta-(m+3)},\cdots,\frac{\beta\alpha_{m+1}^*-1}{\beta-(m+3)}\right) \tag{4-53}$$

对于分布参数β与$\boldsymbol{\alpha}$的求解,可采取如下过程:

首先,由装备可更换单元的 FDR/FIR 信息、多位专家给出的测试性增长过程的点估计值等信息,可以确定$\boldsymbol{q}=(q_1,q_2,\cdots,q_{m+1})$的数值;然后依据工程技术人员对这些先验值的确信程度,确定β值;最后,将$\boldsymbol{q}$代入式(4-53)依次求解,得到向量$\boldsymbol{\alpha}$的值。

或者利用专家给出的区间估计值信息,采用式(4-13)与式(4-52)等效的方法,获取先验分布参数β与$\boldsymbol{\alpha}$的值。

4.4.2.3 次序狄氏分布的后验分布

假设第j个试验阶段内的试验数据为(n_j,f_j),则其似然函数为

$$L(q_j;n_j,f_j)=C_{n_j}^{f_j}q_j^{n_j-f_j}(1-q_j)^{f_j} \tag{4-54}$$

那么在连续进行了j个阶段的增长试验后,似然函数为

$$L(\boldsymbol{q}^{(j)};\boldsymbol{n}^{(j)},\boldsymbol{f}^{(j)})=\prod_{i=1}^{j}C_{n_j}^{f_j}q_j^{n_j-f_j}(1-q_j)^{f_j} \tag{4-55}$$

式中,$\boldsymbol{n}^{(j)}=(n_1,\cdots,n_j)$,$\boldsymbol{f}^{(j)}=(f_1,\cdots,f_j)$。

则由先验分布式(4-46)与似然函数式(4-55),使用贝叶斯定理得到$\boldsymbol{q}$的后验分布的核为

$$g(\boldsymbol{q}\mid\boldsymbol{\alpha},\beta)=\prod_{i=1}^{m+3}(q_i-q_{i-1})^{\beta\alpha_i-1}\prod_{i=1}^{j}q_i^{n_i-f_i}(1-q_i)^{f_i} \tag{4-56}$$

4.4.3 改进狄氏分布的增长模型

次序狄氏分布存在的不足:它只使用一个形状参数β描述各区间估值内产品测试性水平的方差,不能很好地契合工程实际。尤其是各阶段的先验密度一般是单峰值,要求$\beta\alpha_i^*>1$,$\beta(1-\alpha_i^*)>1$与$\beta\alpha_i>1$,其中$i=1,2,\cdots,m$,所以β就要取较大的数值。这说明先验方差较小,那么先验分布的影响较大,使得现场试验数据对融合结果的作用很小。同时,要提前确定各阶段的先验参数。实际上,专家依据已有的阶段性数据和改进方法给出下一阶段的估计值才是更合理的方式。

文献[166]给出了增长模型的改进狄氏分布类,改进了次序狄氏分布的一些缺点,能够更好地使用先验信息。因此,本书使用该模型描述测试性增长过程,更加客观地进行测试性综合验证评价。

4.4.3.1　改进狄氏分布的数学模型

对于第 k 个估计区间,构造$(q_{k-1},1)$区间上的贝塔分布作为该阶段的 FDR/FIR 先验分布,即

$$
\begin{aligned}
g_k(q_k \mid q_{k-1}) &= g_k(q_k \mid q_{k-1};a_k,b_k) \\
&= \frac{(1-q_{k-1})^{1-a_k-b_k}}{\mathrm{B}(a_k,b_k)}(q_k-q_{k-1})^{a_k-1}(1-q_k)^{b_k-1}I_{(0,1)}(q_k)
\end{aligned}
\tag{4-57}
$$

式中,$a_k>0$,$b_k>0$,并且有 $q_0=0$。

由此得到 $\boldsymbol{q}=(q_1,q_2,\cdots,q_{m+1})$的联合先验密度函数为

$$
\pi(\boldsymbol{q} \mid \alpha,\beta)=\prod_{k=1}^{m+1} g_k(q_k \mid q_{k-1}) \tag{4-58}
$$

由上述两式可以看出:每个区间内,用两个参数表示先验分布。这两个参数分别表示各阶段的估计值及其可信度。与次序狄氏分布相比,改进的先验分布类具有更加良好的特性。

4.4.3.2　先验分布参数的确定

对于依据专家经验或工程实际给出的先验分布区间,其先验分布参数的确定方法,采用第 4.2.2 节中的式(4-12)与式(4-14)的优化方法确定,或者使用式(4-13)与式(4-14)的优化方法确定。

4.4.3.3　改进狄氏分布的后验分布

由成败型数据的似然函数与式(4-57)描述的先验分布,得到 q 的后验密度的核为

$$
g(q \mid a,b) \propto \prod_{k=1}^{m} q_k^{s_k}(q_k-q_{k-1})^{a_k-1}(1-q_k)^{b_k+f_k-a_{k+1}-b_{k+1}} \tag{4-59}
$$

其数字特征为当给定 $q_1,q_2,\cdots,q_{k-1}$ 时,由式(4-57)可以得到 q_k 的条件均值与条件方差如式(4-60)所示:

$$
\begin{cases}
\hat{q}_k = \dfrac{a_k + b_k \cdot q_{k-1}}{a_k + b_k} \\[2ex]
\hat{v}_k = \dfrac{a_k \cdot b_k \cdot (1-q_{k-1})^2}{(a_k+b_k)^2 \cdot (a_k+b_k+1)}
\end{cases}
\tag{4-60}
$$

4.4.3.4　改进狄氏分布的特点

(1)改进的狄氏先验分布类将 q_{k-1} 作为边缘分布的前提条件。使用 a_k、b_k 与 q_{k-1} 共同

组成先验分布的参数,而其他类型的分布一般还没有使用上一阶段的估计值作为条件分布。

(2)先验分布中 $g_k(q_k \mid q_{k-1})$ 与 $q_1,\cdots,q_{k-2}$ 无关。在第 $k-1$ 阶段的产品质量已经包含了前 $k-2$ 个阶段的性能与改进的所有信息,充分体现了构造$(q_{k-1},1)$上截尾贝塔分布作为该估值区间内产品测试性水平的分布特性。

(3)可以对第 $k+1$ 阶段的测试性水平进行预测和验证评价。使用 a_{k+1}、b_{k+1} 与改进狄氏先验分布类在$(q_k,1)$上的截尾贝塔分布作为边缘分布,可实现对 $k+1$ 阶段的 FDR/FIR 进行预测;如果在第 $k+1$ 阶段存在试验数据,按照式(4-59)的推断对预测值进行修正可得到第 $k+1$ 阶段的测试性水平。

4.4.4 后验积分的求解方法

后验分布是高维积分,其数字特征不易由传统分析方法、数值计算及一般的静态蒙特卡洛方法获得。对此,可采用 MCMC 方法,该方法近年来被广泛应用于贝叶斯统计推断中。最常用的 MCMC 方法有 Metropolis-Hastings 方法和 Gibbs 方法。本书采用 Gibbs 抽样方法进行求解。

Gibbs 抽样的具体算法如下:

在给出起始点 $q^{(0)}=\{q_1^{(0)},q_2^{(0)},\cdots,q_{m+1}^{(0)}\}$后,假定第 $t+1$ 次抽样开始时的观测值为 $q^{(t)}$,则第 $t+1$ 次抽样分为如下 $m+1$ 步。

第一步:由条件分布 $g(q_1 \mid q_2^{(t)},\cdots,q_{m+1}^{(t)})$ 中抽取 $q_1^{(t+1)}$;

第二步:由条件分布 $g(q_2 \mid q_1^{(t+1)},q_3^{(t)},\cdots,q_{m+1}^{(t)})$ 中抽取 $q_2^{(t+1)}$;

……

第 i 步:由条件分布 $g(q_i \mid q_1^{(t+1)},\cdots,q_{i-1}^{(t+1)},q_{i+1}^{(t)},\cdots,q_{m+1}^{(t)})$ 中抽取 $q_i^{(t+1)}$;

……

第 $m+1$ 步:由条件分布 $g(q_{m+1} \mid q_1^{(t+1)},\cdots,q_m^{(t+1)})$ 中抽取 $q_{m+1}^{(t+1)}$。

依此进行 n 次迭代后,得到 $q^{(n)}=\{q_1^{(n)},q_2^{(n)},\cdots,q_{m+1}^{(n)}\}$,则 $q^{(1)},q^{(2)},\cdots,q^{(n)}$ 是 Markov 链的最终值。那么,$q^{(n)}$ 收敛于 $g(q \mid a,b)$。

对 Gibbs 抽样收敛性的判断,在应用中有两种方法。

(1)用 Gibbs 抽样产生多条 Markov 链,如果均能稳定下来,则认为抽样收敛。

(2)观察遍历均值是否收敛。

设最后得到的 FDR 的点估计为 $\hat{q}_{m+1}$,相应的估计方差为 $\mathrm{Var}(\hat{q}_{m+1})$。针对 FDR 的测试性验收试验,其接收/拒收判据为:若 $\hat{q}_{m+1}>q_0$,则满足要求,接收;如果 $\hat{q}_{m+1}<q_0$,则拒收。

案例分析

1. 改进狄氏分布与次序狄氏分布的对比

对于两种狄氏分布的评价效果,采用文献[136]的例子,对两种方法进行对比。对某产品进行了两组试验,每组采用三个阶段的增长试验,并且试验条件完全相同。第一组三个阶段的测试性增长试验数据分别为第一阶段注入故障 3 个,检测出 2 个;第二阶段注入故障 5 个,检测出 4 个;第三阶段注入故障 5 个,全部检测出。为了能够将次序分布与改进分布进行对比,这里给出第二组的三个阶段的试验数据:第一阶段注入故障 3 个,检测出 1 个;第二阶段注入故障 5 个,检测出 3 个;第三阶段注入故障 5 个,检测出 4 个。

给出的各阶段先验估值为 $q=(0.70,0.90,0.975)$。先验信息为点估计时,可将其转化为区间估计,得到$(q_{i,\mathrm{L}},q_{i,\mathrm{H}})$分别为(0.4,1),(0.8,1),(0.95,1)。那么采用两种分布得到的测试性综合评价结果如表 4-13 所示。其中,$q_{k,\mathrm{L}}$ 是在置信度为 0.9 时的置信下限值。

表 4-13 两种分布形式分别对两组试验数据的评价结果

阶段	改进分布				次序分布			
	第一组数据		第二组数据		第一组数据		第二组数据	
	$q_{k,\mathrm{L}}$	V_k	$q_{k,\mathrm{L}}$	V_k	$q_{k,\mathrm{L}}$	V_k	$q_{k,\mathrm{L}}$	V_k
1	0.475 7	0.019 2	0.304 9	0.019 2	0.610 8	0.004 7	0.588 6	0.004 5
2	0.776 0	0.005 6	0.606 0	0.010 6	0.830 3	0.002 0	0.804 7	0.002 3
3	0.939 5	0.000 6	0.856 9	0.002 3	0.949 7	0.000 5	0.918 7	0.000 8

将先验估值、改进分布的估值、次序分布的估值以及试验估值画到一张图中进行比较,得到的示意图如图 4-7 所示。

从表中的数据以及两幅图中的曲线可以得出以下结论:

(1)两组不同的试验数据下,次序狄氏分布的后验估值始终与先验估值比较接近,说明次序狄氏分布受先验信息的影响比较强。同时,次序分布对应 V_k 列的数据始终小于改进分布 V_k 列的数据,也印证了这一点。

(2)改进狄氏分布的估值是由先验分布与上一阶段的估值共同决定的,所以改进狄氏分布对实际的试验数据更加敏感。由图 4-7 可以看出,当试验数据发生变化时,改进分布得到的后验估值更加符合真实的结果。

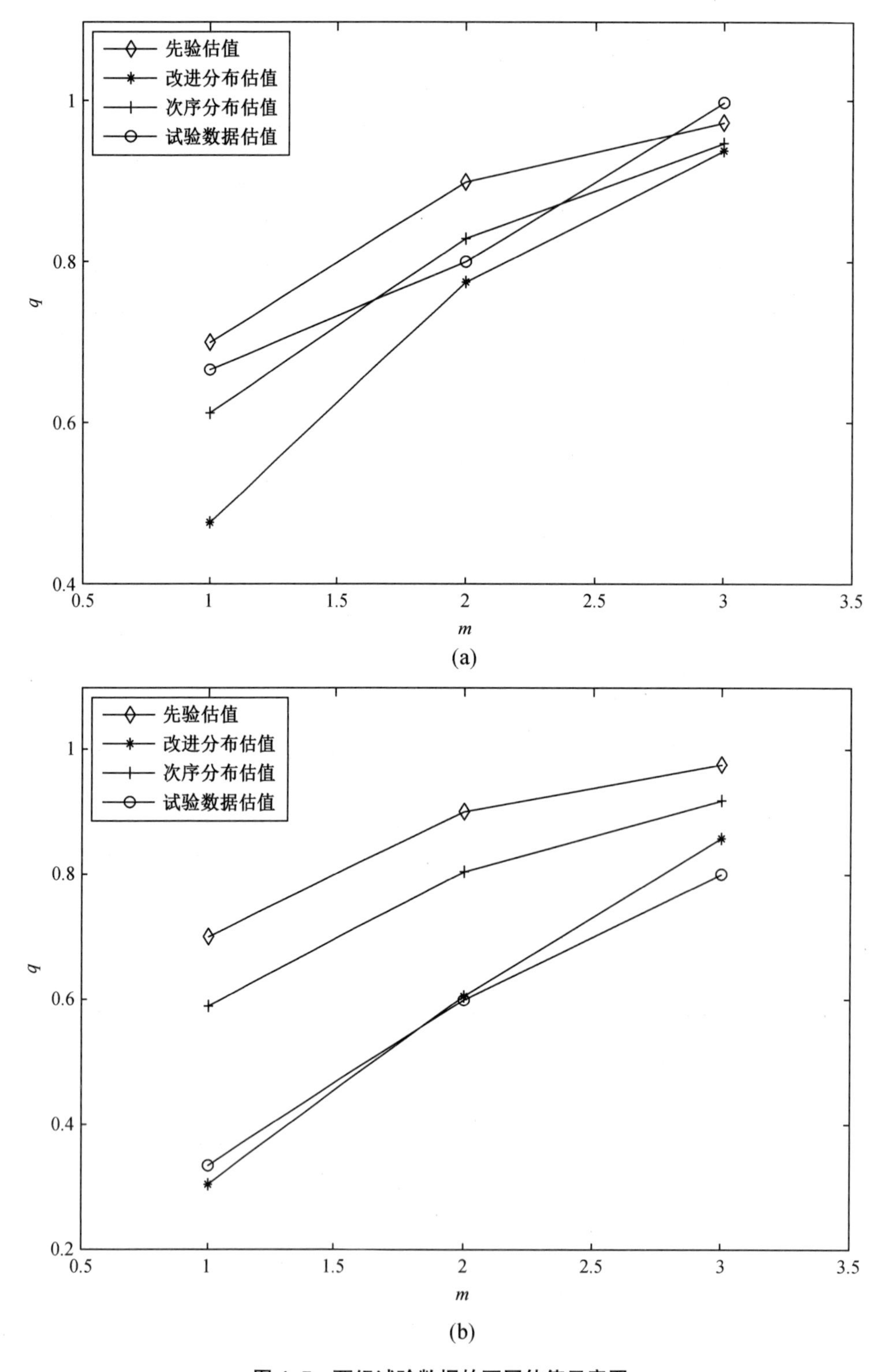

(a)

(b)

图 4-7　两组试验数据的不同估值示意图

2. 改进狄氏分布的测试性预测与验证评价

以 FDR 为例，使用改进狄氏分布的贝叶斯统计推断方法进行测试性综合验证评价。首先假设试验进行了 3 个阶段的增长试验，可由改进狄氏分布的方法进行下一阶段测试性水平的预测；之后，结合第 4 阶段的试验数据，实现对该阶段测试性水平的评价。

专家给出的 4 个阶段的先验信息为(0. 65,0. 75,0. 85,0. 95)。该装备的设计目标值为 0. 90。结合与贝塔分布的等效方法得出贝塔分布的参数值，同时给出前 3 个阶段的试验数据，如表 4-14 所示。依据先验信息得到各增长试验阶段的 FDR 先验均匀分布及等效贝塔分布示意图如图 4-8 所示。

表 4-14　先验信息及等效贝塔分布参数

阶段	试验信息		先验信息			等效贝塔分布		
	n_i	s_i	p_i	$(p_{i,L},p_{i,H})$	V_i	a_i	b_i	V_i
阶段 1	3	1	0. 65	(0. 3,1)	0. 040 8	2. 971 4	1. 600 0	0. 040 8
阶段 2	4	2	0. 75	(0. 5,1)	0. 020 8	0. 057 1	0. 142 8	0. 010 6
阶段 3	5	4	0. 85	(0. 7,1)	0. 007 5	0. 400 0	0. 600 0	0. 007 5
阶段 4	—	—	0. 95	(0. 9,1)	0. 000 8	3. 333 3	1. 666 7	0. 002 3
…								
后续试验			1. 00					

图中的四个阶段的曲线自左向右对应各阶段 FDR 的先验分布，从图中可以看出在装备的研制周期内，随着阶段性增长试验的进行，FDR 值呈现逐步增加的趋势。对于后验积分的计算，由先验信息获得先验参数后，即可由 Gibbs 抽样算法求解各试验阶段测试性水平的后验估计值。

这里使用第 1 001 到 10 000 次的抽样数据。其中 5%和 95%两个分位数构成了参数的 90%置信区间。如果没有第 4 阶段的试验数据，对各阶段的参数进行后验估计并对第 4 阶段的测试性水平进行预测。

经过运算分析后，得到的无第 4 阶段试验数据的各阶段后验估值以及对第 4 阶段的预测值列于表 4-15 中。

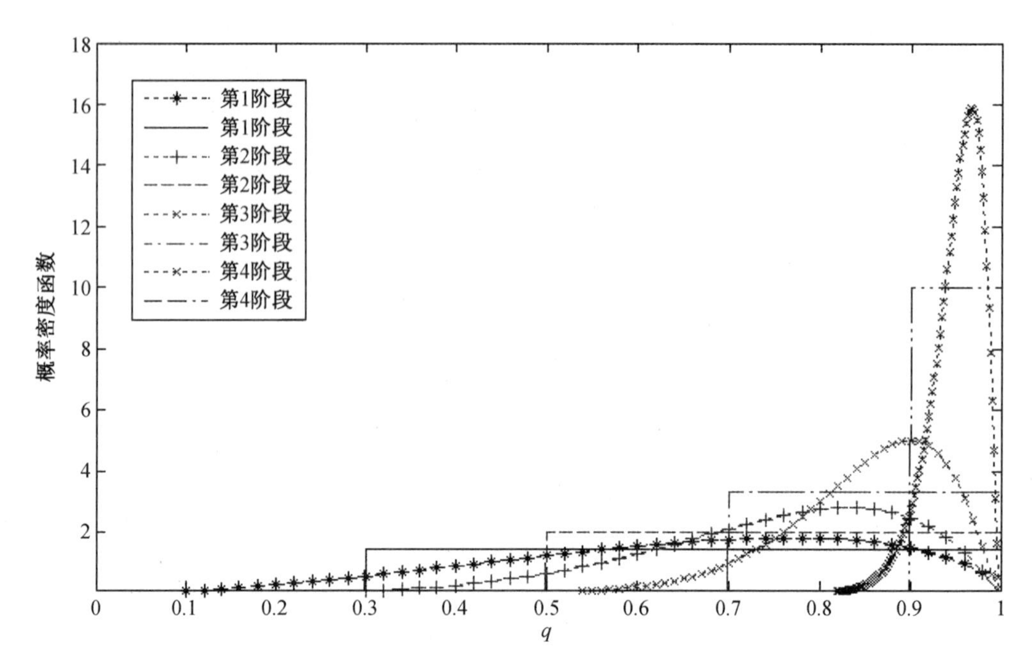

图 4-8　各阶段先验的均匀分布与等效贝塔分布

表 4-15　各阶段后验估值及第 4 阶段的预测值

参数	均值	标准差	5%	中位数	95%
q_1	0. 455 4	0. 141 1	0. 221 8	0. 455 9	0. 689 4
q_2	0. 593 3	0. 117 5	0. 391 6	0. 598 9	0. 780 0
q_3	0. 684 8	0. 122 0	0. 478 8	0. 688 3	0. 878 7
q_4	0. 900 2	0. 072 2	0. 757 1	0. 916 4	0. 985 8

假设第 4 阶段的试验数据为注入 3 个故障,成功检测出 3 个。在获取第 4 阶段的试验数据后,使用 Gibbs 抽样方法求解后验积分。通过 Gibbs 抽样得到的各阶段参数的抽样值如图 4-9 所示。

Gibbs 抽样得到的后验分布图形如图 4-10 所示。

经过计算求解,得到的 4 个阶段参数的后验估计值列于表 4-16 中。

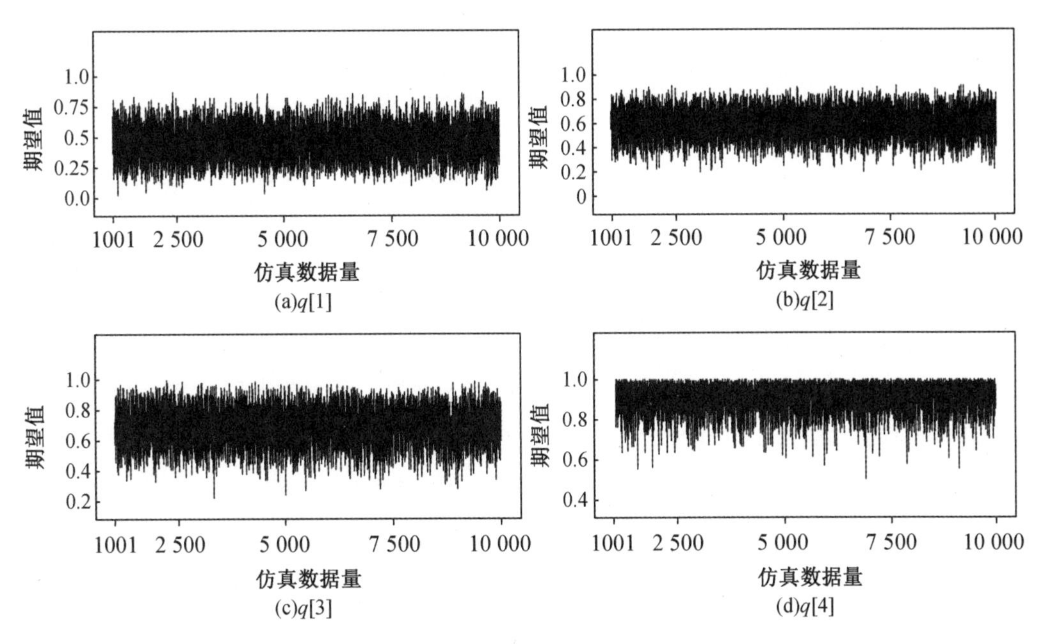

图 4-9　各阶段估值的 Gibbs 抽样值

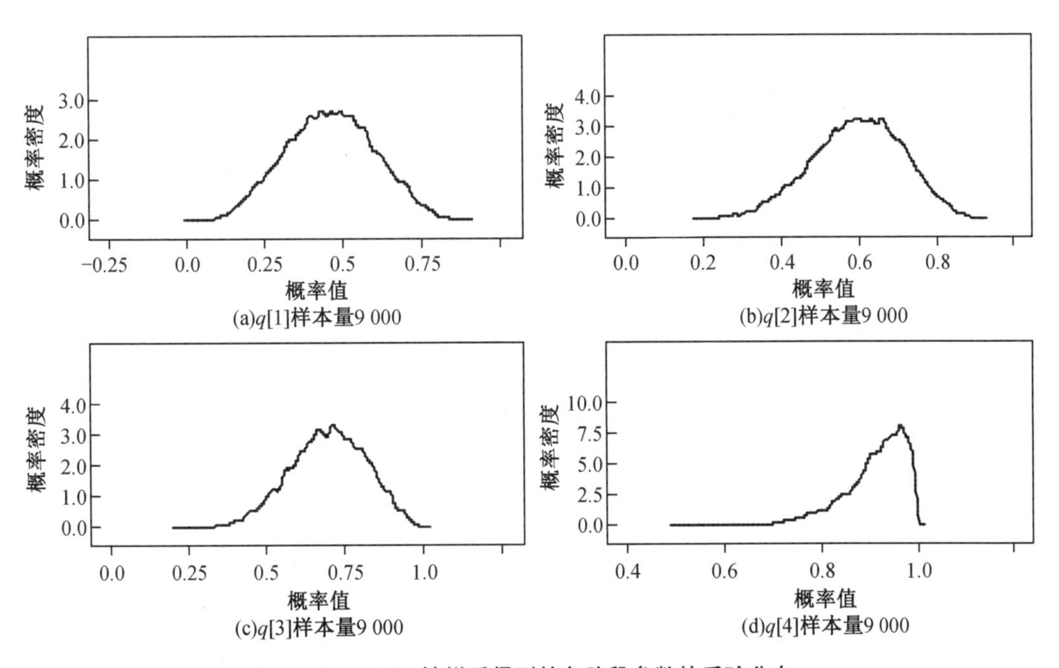

图 4-10　Gibbs 抽样后得到的各阶段参数的后验分布

表 4-16　各阶段后验估值与第四阶段的估计值

参数	均值	标准差	5%	中位数	95%
q_1	0. 460 8	0. 140 8	0. 225 3	0. 461 3	0. 694 3
q_2	0. 599 1	0. 117 8	0. 395 2	0. 603 9	0. 782 9
q_3	0. 695 4	0. 120 6	0. 487 5	0. 700 8	0. 887 1
q_4	0. 911 5	0. 065 2	0. 781 8	0. 925 9	0. 988 4

从表中的数值可以看出,对装备的测试性进行改进后,测试性水平呈增长趋势。随着试验数据的增加,各阶段 FDR 的方差呈减小趋势,结果的可信度逐渐增加。

经过 4 个阶段的测试性增长试验,其预测值已大于 0. 90 的要求值,可以给出接收的结论。同时,经过该阶段的试验之后,得到的实际估值在预测值的基础上有所提高,更加印证了验收结论的正确性。

4.5　本章小结

主要研究了“小子样、多阶段、异总体”条件下基于增长过程的测试性综合验证评价方法。首先,分析了测试性增长过程的概念与内涵,并分析了装备测试性验证中先验信息的转换方法;其次,针对多试验阶段的测试性增长过程,研究了装备改型、多阶段试验以及多阶段增长的数学模型与验证评价方法,并通过案例分析验证了方法的适用性与正确性;最后,针对整体规划的测试性增长过程,研究了狄氏分布的特点以及求解方法,使用改进狄氏分布的方法实现了测试性验证评价。

第5章

平台开发与工程实现

5.1 引　　言

测试性试验一般要经历建模分析、仿真试验、半实物试验、实物试验的过程,这几种测试性试验方法可认为是典型的阶段性试验。因此,可对这几个阶段性试验得到的测试性试验数据,采用改进狄氏分布的增长模型实现装备测试性的综合验证评价。

在理论研究的基础上,本书开发了“半实物仿真的测试性综合验证评价系统”,该系统主要包括:装备建模仿真模块、故障自动注入模块、测试诊断模块、物理信号生成模块、综合验证评价模块。本章介绍综合验证评价系统的构成以及软、硬件开发过程,并使用该系统实现了对某型雷达装备的测试性综合验证评价。

5.2 测试性综合验证评价系统构成

设计的测试性综合验证评价系统框架如图 5-1 所示。

实施的过程如下:首先,使用层次化、模块化建模技术建立仿真模型,这是后续测试性试验的基础,并通过电路仿真实现各个测点输出信号的提取。其次,建立自动化的故障注入平台,将仿真模型中所有元器件/子电路显示在列表框中,确定对象并选择需要注入的故障模式,再次仿真即可生成故障电路的信息。再次,提取相应的测点信息并进行测试诊断,将得到的故障诊断结果记录在试验结果中。最后,依据各阶段得到的试验数据,使用改进狄氏分布的测试性增长模型进行综合验证评价,给出测试性水平是否合格的结论。

在这里对相应的测试诊断设计进行说明。在测试性试验中,对装备故障的测试方式不仅有使用 BITE 的测试,也有使用 ETE/ATE 的测试,所以对这两种测试方式都要进行设计与实现。因此,在兼顾考虑机内测试与外部测试功能需求的基础上,设计开发了半实物仿真的测试性综合验证评价系统。

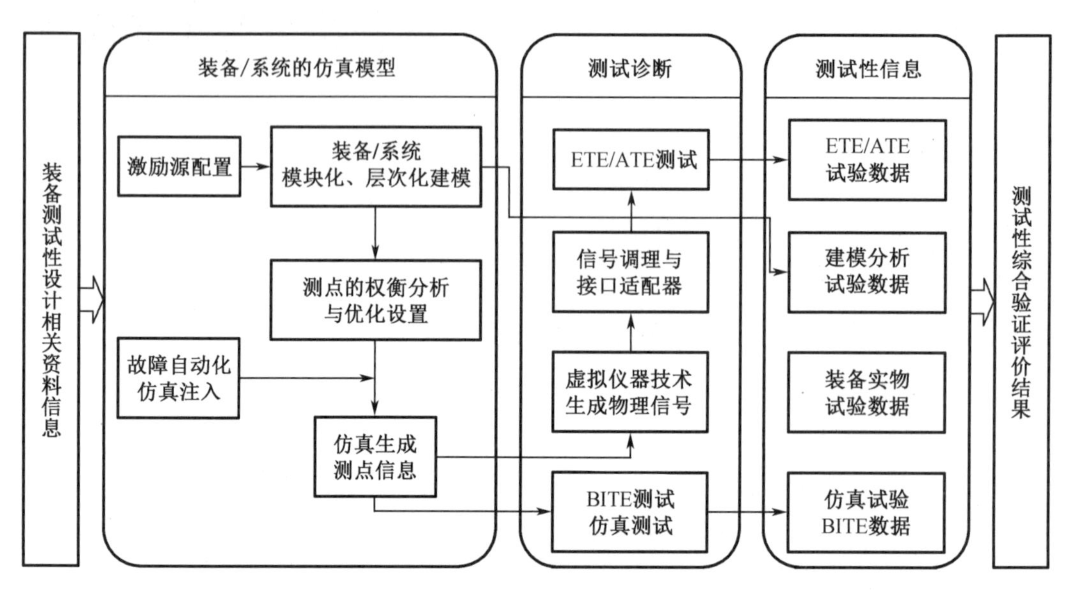

图 5-1 装备测试性综合验证评价体系框架

对于机内测试,使用仿真测试的方式模拟 BITE 测试,将专家知识诊断库以及故障诊断算法进行编程,在仿真的环境中使用仿真测试代替 BITE 进行测试诊断。同时,对设置的测点使用虚拟仪器技术生成相应的物理信号,经过信号调理后送入接口适配器,使用 ETE/ATE 进行测试诊断。至此,本系统实现了完整的测试诊断设计。开发的半实物仿真系统如图 5-2 所示。

在全寿命周期过程的测试性验证评价工作中,可使用该系统进行测试性试验,实现仿真条件下的测试性建模分析、仿真测试试验、ETE/ATE 测试试验,为测试性试验提供了一种新的技术手段。

使用该系统得到的测试性试验数据不仅有建模分析的数据,也有仿真测试的试验数据和使用 ETE/ATE 的测试数据,是对小子样实物试验数据的有益补充,增加了可用的测试性信息,能够对装备进行全面综合的测试性验证评价。

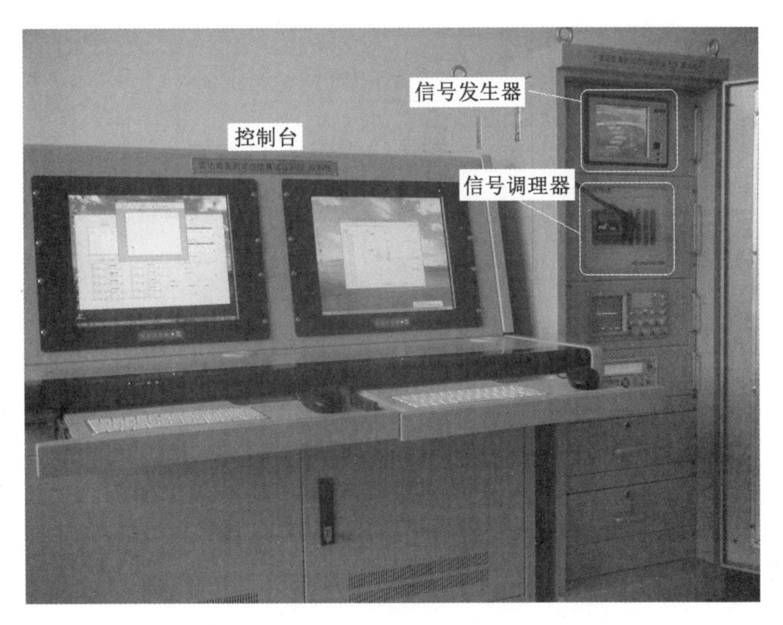

图 5-2　半实物仿真的测试性综合验证评价系统

5.3　系统的软、硬件开发及功能实现

该系统采用仿真故障注入的方式进行测试性试验,建立装备的仿真模型并实施仿真故障注入,之后进行测试诊断,避免了对装备的损坏。

该系统中软、硬件主要实现的功能如下:

(1)装备/系统的仿真建模;

(2)故障样本库的建立;

(3)故障样本的选取与分配;

(4)故障模式的选择与故障自动注入;

(5)仿真测试功能;

(6)物理信号生成功能;

(7)试验结果的记录;

(8)验证评价功能。

系统的软、硬件模块组成如图 5-3 所示。

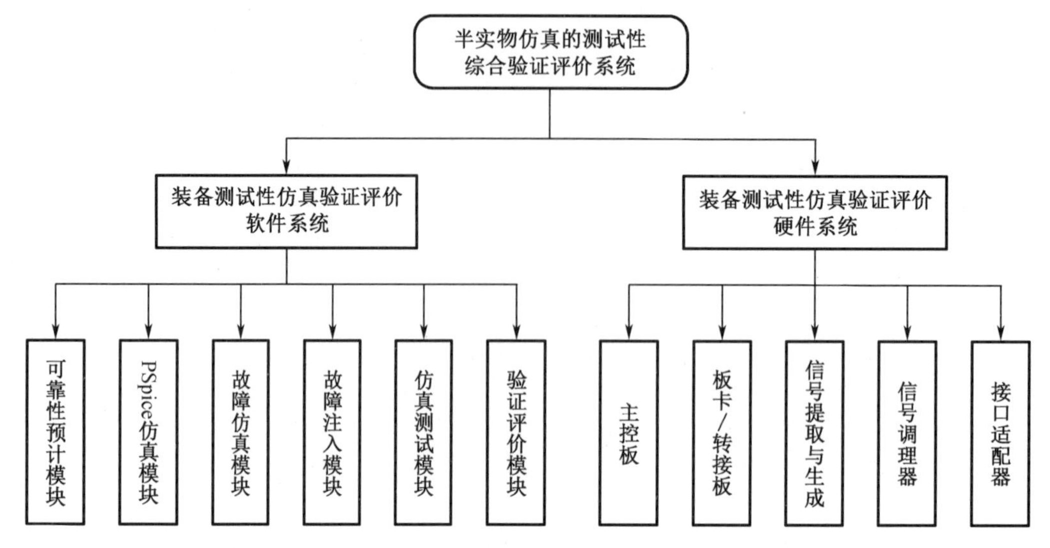

图 5-3　半实物仿真系统的软、硬件组成

5.3.1　软件开发与功能实现

本书使用虚拟仪器开发软件 LabWindows/CVI 设计实现了测试性验证评价软件系统，系统的总体界面如图 5-4 所示。该界面将所有软件功能模块集成在一起，实现仿真验证评价需要的所有功能。

该软件系统可以调用可靠性基础数据分析的 CARMES 软件、PSpice 电路仿真软件、数据处理软件 Matlab 以及贝叶斯统计推断软件 WinBUGS。实现的主要功能有：故障的分配、试验数据的记录、故障的注入、故障的仿真、控制生成物理信号等。

由于使用的软件与实现的功能较多，要解决软件之间的接口与信息共享等关键技术，其中软件之间信息共享的几个关键功能如下：

(1) LabWindows/CVI 中具有自带的 SQL 工具包，对 CARMES 软件中装备的可靠性数据进行读取与调用，为建立故障样本库、故障样本分配提供数据支持。

(2) 使用 Matlab 对 PSpice 输出文件中的测点信息进行提取，对正常测点信息与故障测点信息进行仿真测试，并将测点数据及测试结果显示在界面上。

(3) 使用 LabWindows/CVI 的文件操作命令对 PSpice 的网单文件进行操作，实现仿真模型中元器件/子电路的提取与故障模式的选择与自动注入功能。

(4) 使用 LabWindows/CVI 从 PSpice 仿真的输出文件中提取出测点信息，并控制板卡生成物理信号。

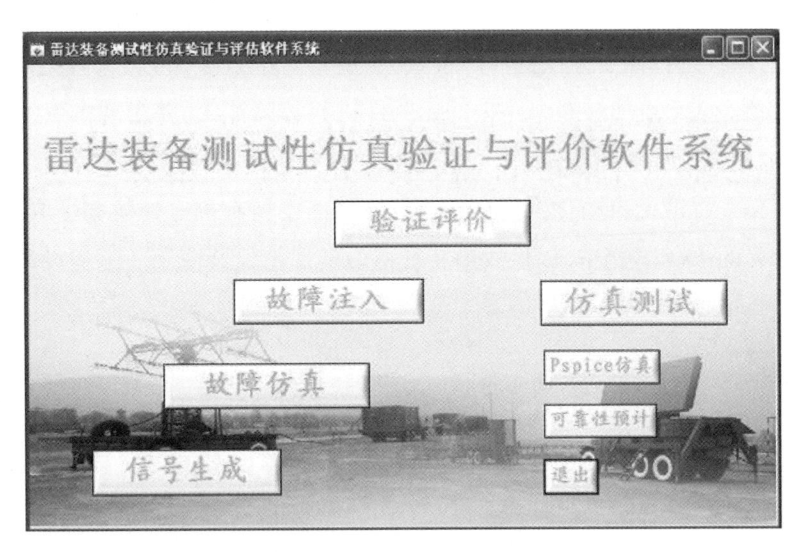

图 5-4　雷达装备测试性仿真验证与评估软件系统

该软件系统中各个软件模块的设计与实现介绍如下：

(1)可靠性预计模块。该模块的功能是使用 CARMES 软件对雷达装备的可靠性进行分析,获取故障样本库与故障率数据,用于故障样本的选取与分配。在 CARMES 软件中获取的雷阵装备可靠性结构图与自行编程开发的故障样本分配、试验记录界面如图 5-5 所示。

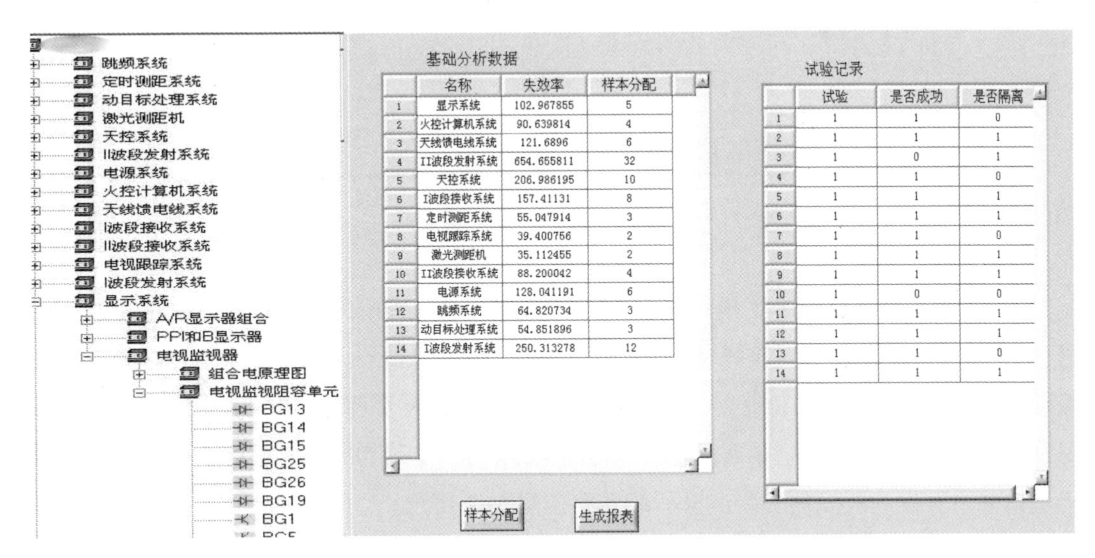

	名称	失效率	样本分配
1	显示系统	102.967855	5
2	火控计算机系统	90.639814	4
3	天线馈电线系统	121.6896	6
4	II波段发射系统	654.655811	32
5	天控系统	206.986195	10
6	I波段接收系统	157.41131	8
7	定时测距系统	55.047914	3
8	电视跟踪系统	39.400756	2
9	激光测距机	35.112455	2
10	II波段接收系统	88.200042	4
11	电源系统	128.041191	6
12	跳频系统	64.820734	3
13	动目标处理系统	54.851896	3
14	I波段发射系统	250.313278	12

	试验	是否成功	是否隔离
1	1	1	0
2	1	1	1
3	1	0	1
4	1	1	0
5	1	1	1
6	1	1	1
7	1	1	0
8	1	1	1
9	1	1	1
10	1	0	0
11	1	1	1
12	1	1	1
13	1	1	0
14	1	1	1

图 5-5　CARMES 软件中雷达的可靠性结构图与自行开发的故障样本分配、试验结果记录界面

(2)PSpice 仿真模块。用于建立装备的仿真模型,对复杂电路进行层次化、模块化建模,并实现正常电路的仿真分析,提取正常电路信息。

(3)故障注入模块。用于提取电路中所有的元器件/子电路信息,并显示在界面列表中,确定分析对象并选择需要注入的故障模式,实现对电路的自动化故障注入功能。

该故障自动注入系统能够对电路中的元器件进行故障注入,并实现以下三个自动化功能:电路仿真输出文件选择的自动化;元器件提取的自动化,并将元器件名称显示在“元件列表”中;测点信息提取的自动化,可将正常/故障电路中所有测点的数据提取出来,存储到以测点名称命名的 TXT 文档中,以供故障特征提取与虚拟仪器使用。编程设计的故障自动注入界面如图 5-6 所示。

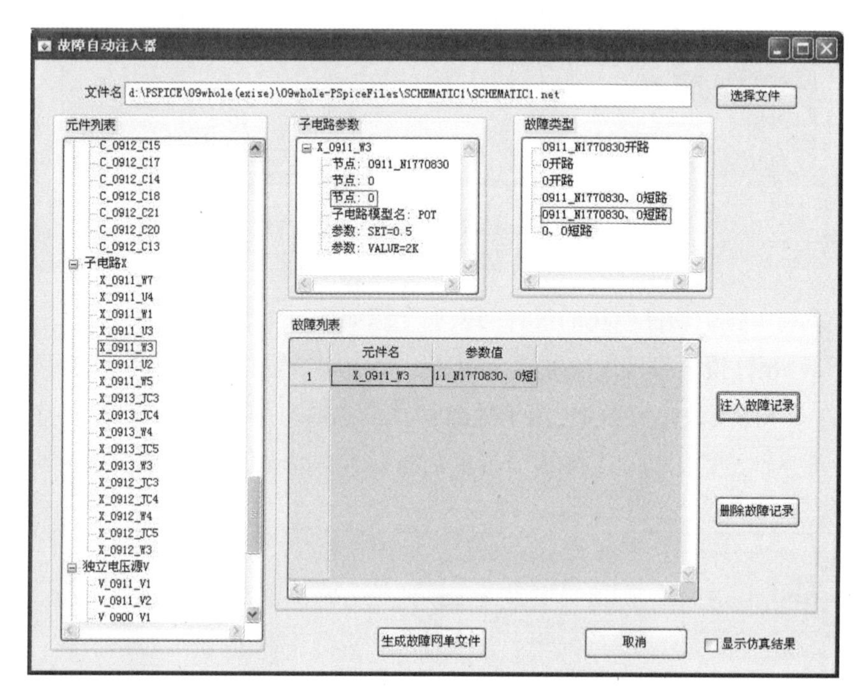

图 5-6　故障自动注入界面

(4)仿真测试模块。为了模仿 BITE 的测试诊断,这里采用仿真测试的方式进行故障检测,使用基于小波矩特征的故障特征识别方法进行故障检测,实现故障特征的自动提取与识别功能。基本过程为电路仿真、测点信息提取、小波矩特征提取、特征优选、多分类 SVM 识别,判断出现有测点信息是属于正常类还是故障类。使用 Matlab 软件进行编程设计,基于上述理论开发的故障仿真测试诊断的界面如图 5-7 所示。

故障特征的提取与识别实现了三个功能:测点波形显示的自动化,选择需要测试诊断的测点,对该测点的信息进行提取,并在相应界面上显示故障注入前和注入后的输出波形;小波分析的自动化,选择相应的测点,显示该测点小波分析的波形;故障诊断的自动化,对提取的正常测点信息与故障注入后的测点信息使用小波分析的 SVM 算法自动进行故障诊断,并将诊断结果显示在界面上。

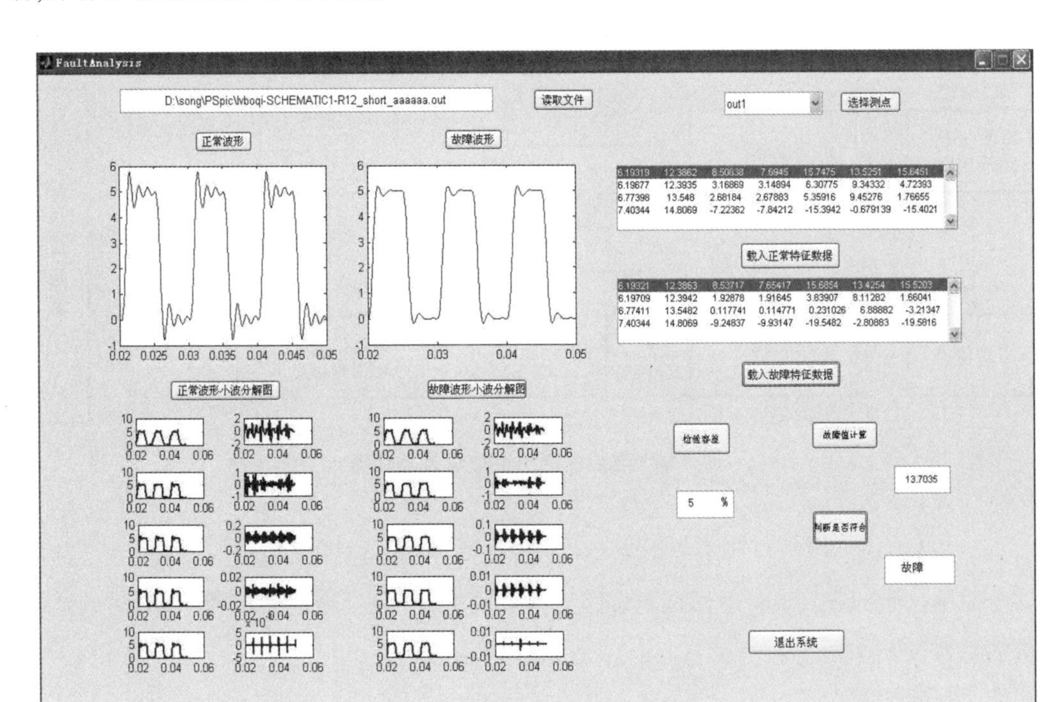

图 5-7　故障的仿真测试诊断界面

(5)验证评价模块。通过调用 Matlab、WinBUGS 实现统计分析与验证评价功能。对于参数估计值的计算,通过 Matlab 编程实现点估计、区间估计、置信下限等参数的计算,并实现在实际试验数据的情况下实际风险的计算。使用基于 Gibbs 抽样的 WinBUGS 软件实现贝叶斯高维后验积分的求解,将得到的专家经验数值、求取的先验分布参数、各阶段试验数据在 WinBUGS 中进行编程,进行抽样运算得到参数后验分布密度曲线、抽样值及后验估计值(均值、标准差、分位数、中位数等)。

(6)信号生成模块。使用虚拟仪器编程软件 LabWindows/CVI 实现对测点信息的提取,并控制板卡生成相应物理信号的功能。该功能在后台运行,需要使用虚拟仪器硬件来实现,下面介绍系统硬件部分的开发。

5.3.2　系统硬件开发

这里对虚拟仪器的硬件进行开发,实现对测点信息的提取并生成物理信号。为了获取使用 ETE/ATE 对故障的测试数据,需要对仿真模型中的测点信息进行物理转化,送入 ETE/ATE 中进行测试。该平台中的硬件部分采用虚拟仪器技术,使用虚拟仪器编程软件

LabWindows/CVI 对测点信息进行提取,并驱动控制板卡生成物理信号,以此模仿装备的实际物理信号。其实现过程如图 5-8 所示。

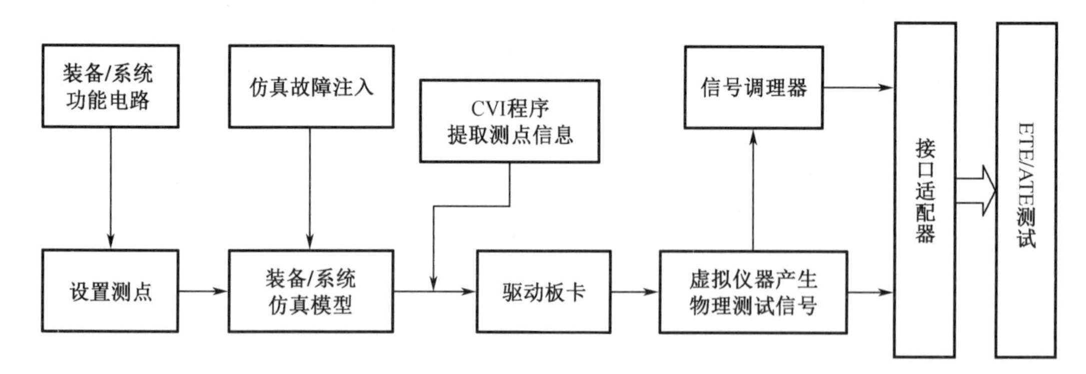

图 5-8 虚拟仪器产生物理信号流程

(1)硬件组成。虚拟仪器主要由主控机、板卡、转接板、连接线等组成。其中信号调理器部分采用自制的方式设计电路板与多路选择开关,实现信号通道的选择与调理。选用的硬件清单如表 5-1 所示。

表 5-1 硬件模块列表清单

板卡/模块	硬件方案	硬件资源	连接接口
CPU 主控机	PXI 3800/PM18+	3U 控制器,主频可达 2.0 GHz	
多功能板卡	PXI 2502	8 路任意波形,4 模拟输入,24 数字 I/O	DIN-68S-01
多路开关板卡	PXI 7931	4×8 双线矩阵开关	TB-6231-01
数字 I/O 板卡	cPCI 7434	64 路数字输出	DIN-100S-01
PXI 机箱	PXI 2558T	带电源 8 槽插卡	
信号调理器	自研	多路选择开关与信号调理电路	适配器输出

在实现对装备/系统中模拟(数字)电路仿真的基础上,使用该虚拟仪器设备组成的物理信号发生器可以实现对测点信息的提取与物理信号的生成,并将物理信号经过信号调理送到接口适配器,最终由 ETE/ATE 进行测试诊断,并将试验结果反馈至主控机部分,从而实现使用 ETE/ATE 的测试性试验。

(2)硬件开发。对其进行信息提取时,需要提取各个测点名称以及测点信息,经编程实现后,提取出的所有测点信息及其存储格式如图 5-9 所示。

V(OUT1).txt
文本文档
12 KB

V(OUT2).txt
文本文档
12 KB

V(OUT3).txt
文本文档
12 KB

V(OUT1)Fault.txt
文本文档
12 KB

V(OUT2)Fault.txt
文本文档
12 KB

V(OUT3)Fault.txt
文本文档
12 KB

TIME	V(out1)
5.000E-03	1.221E-01
…	…
5.000E-02	4.840E-01
…	…
5.000E-01	-7.363E-01

图 5-9　测点信息的保存形式与离散化数据格式

之后使用虚拟仪器驱动板卡,依据提取的测点信息生成相应的物理信号。硬件板卡驱动过程如图 5-10 所示。

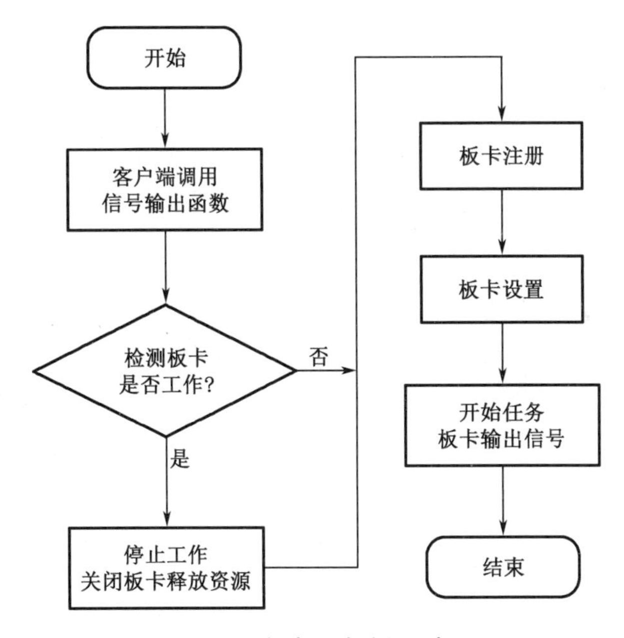

图 5-10　板卡驱动过程示意图

对于生成物理信号正确性,需要对电路仿真输出波形与生成的物理信号波形进行特征(频率、幅度等)一致性的确认,经确认无误后才能将生成的物理信号送出,送入接口适配器由 ATE/ETE 进行测试诊断。图 5-11 给出了节点 N01952 的仿真波形以及生成的物理信号波形,经分析两者一致,证明了生成物理信号的正确性。

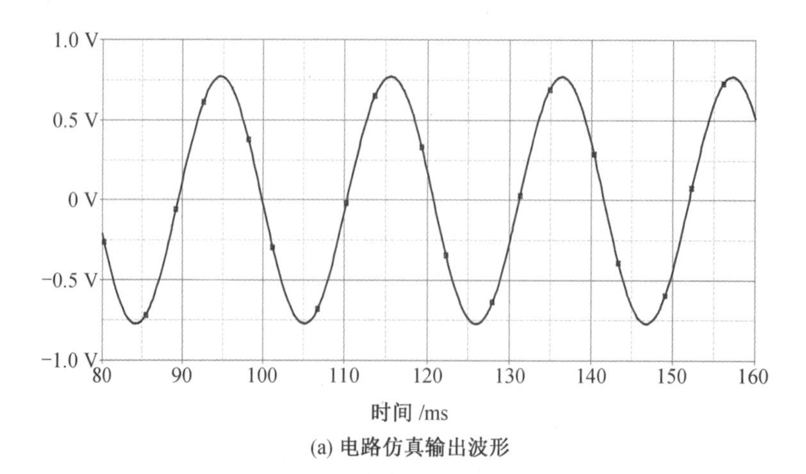

(a) 电路仿真输出波形

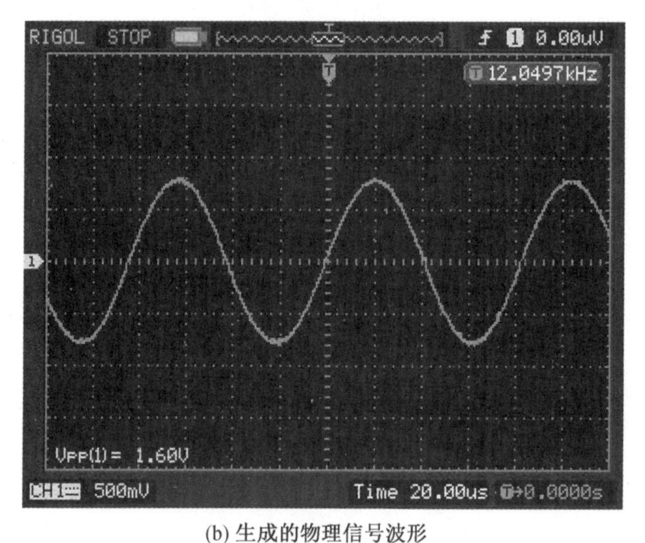

(b) 生成的物理信号波形

图 5-11　节点 N01952 的仿真输出波形与物理信号波形

5.4　对某型雷达装备测试性综合验证评价的实现

雷达的天线控制系统主要用来控制天线转动,对目标进行搜索、截获和跟踪。本书选用天线控制组合(09 组合)为分析对象,使用开发的半实物仿真验证评价系统进行测试性综合验证评价。09 组合的功能是产生误差信号并控制天线转动,把各种工作状态的误差信号进行变换放大和状态转化后送到其他组合中。09 组合主要由谐振放大器、方位相敏检波放大器、高低相敏检波放大器、工作状态转换电路、20 kHz 信号产生器等电路组成。

使用该系统进行测试性综合验证评价的思路为选定分析对象,在仿真环境下进行多信号流图的建模分析,得到的评价结果作为第一阶段的测试性试验数据。使用仿真测试模仿 BITE 测试,得到的检测结果作为第二阶段的测试性试验数据。选定的测点生成物理信号并使用 ETE/ATE 进行测试,得到的数据作为第三阶段的测试性试验数据。最后,结合实物装备小子样试验数据,使用改进狄氏分布的测试性增长过程的综合验证评价方法,实现测试性综合验证评价。该雷达装备中不仅有模拟电路,也有数字电路,本书后续的内容以模拟电路为例进行分析。

5.4.1　仿真模型的建立

某型雷达装备的天线控制组合(09 组合)电路比较复杂,在 PSpice 中进行层次化、模块化仿真建模,得到的电路模型如图 5-12 所示。

5.4.2　故障的自动化注入与测试

(1)故障自动化注入

以该系统中的“谐振放大器”模块为例,进行故障注入分析。该模块的电路图如图 5-13 所示。该模块中有 6 个与外部连接的端点,选择这 6 个端点作为测试点,进行仿真的故障注入,并观测相应测点的输出信号。

故障注入前,对设置的各个测点的输出信号进行仿真分析,得到的 6 个测点正常情况下的输出波形如图 5-14 所示。

以“R20 短路”的故障模式为例,使用该系统中的“故障自动化注入器”进行故障注入试验。故障注入后,对故障电路进行仿真分析,得到故障电路各测点的输出波形如图 5-15 所示。

由两个输出波形的对比可以看出,“0911B18_方位基准电压”的输出波形幅值明显发生变化,确定为故障,而其他各个测点的输出信号波形没有变化。

(2)仿真测试诊断

在仿真的环境下对输出的测点信息进行故障诊断,需要使用相应的故障特征提取与故障识别算法。本书的测试诊断方法采用小波矩进行故障特征提取,并使用分类 SVM 进行故障识别,识别率达到较高的水平。

对 09 组合进行仿真故障注入,注入 15 个故障,检测出 14 个。经检查确认,未识别故障的故障模式为“参数漂移”,是由测试容差设置不合理造成的,所以对该故障应该调整其测试容差范围。由此可知,使用仿真测试方法进行测试诊断,得到的试验数据即为使用 BITE

的测试性试验数据,其(n,s)数值为(15,14)。

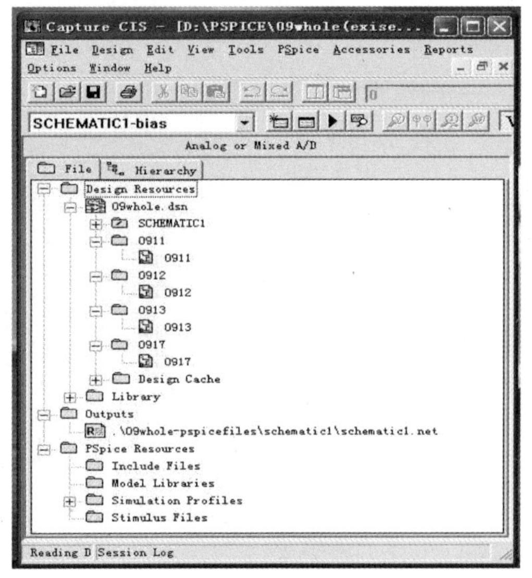

(a) 层次化建模

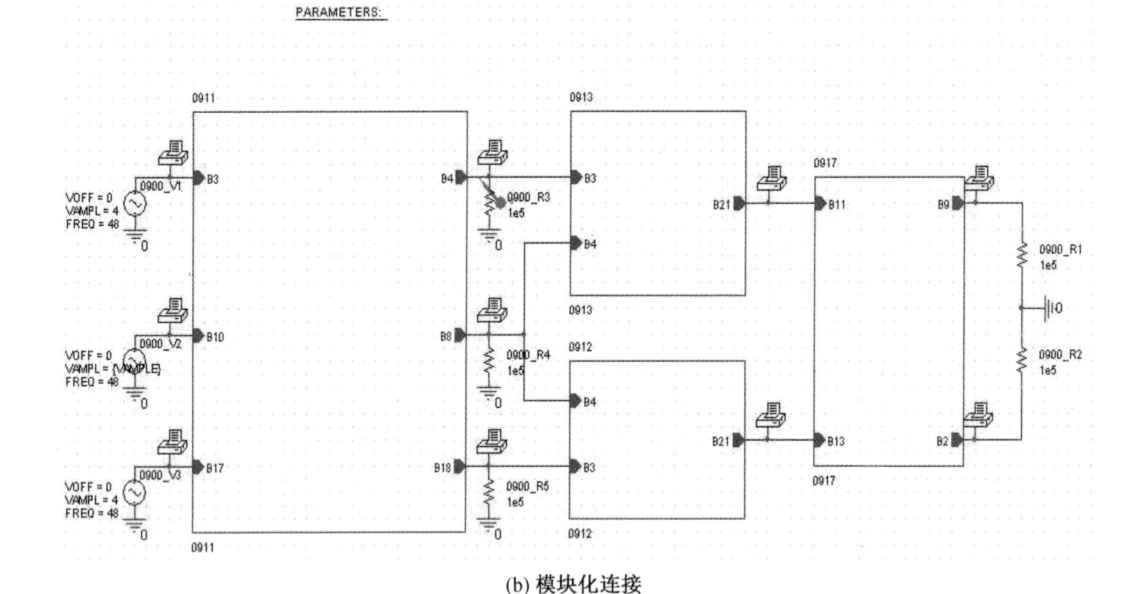

(b) 模块化连接

图 5-12　系统的结构化、层次化仿真建模

(3)ETE/ATE 测试诊断

采用 5.3 节介绍的软、硬件实现方式,对系统模型设置相应的测点并进行仿真,使用虚拟仪器对相应测点的输出信号进行物理生成,并对仿真波形与生成的物理信号波形进行正确性确认,之后经过信号调理后送入接口适配器,由 ETE/ATE 进行测试诊断。

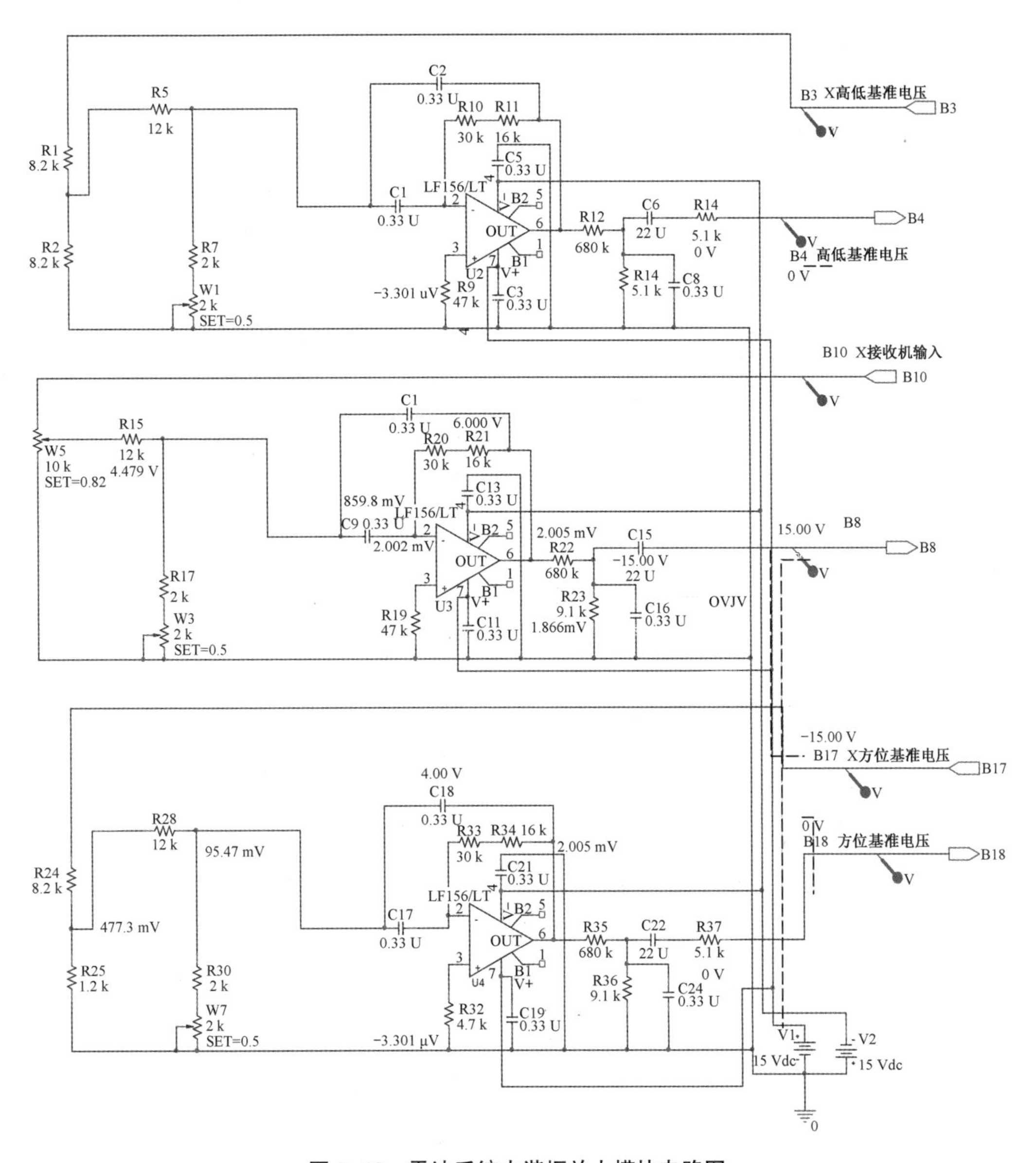

图 5-13　雷达系统中谐振放大模块电路图

对设置的 8 个测点进行物理信号生成,经确认无误后送入 ETE/ATE 进行测试诊断,得到的检测结果如表 5-2 所示。由此可以看出,注入的 8 个故障全部被 ETE/ATE 检测出,所以使用 ETE/ATE 的进行故障注入的测试性试验,得到的(n,s)数据为(8,8)。

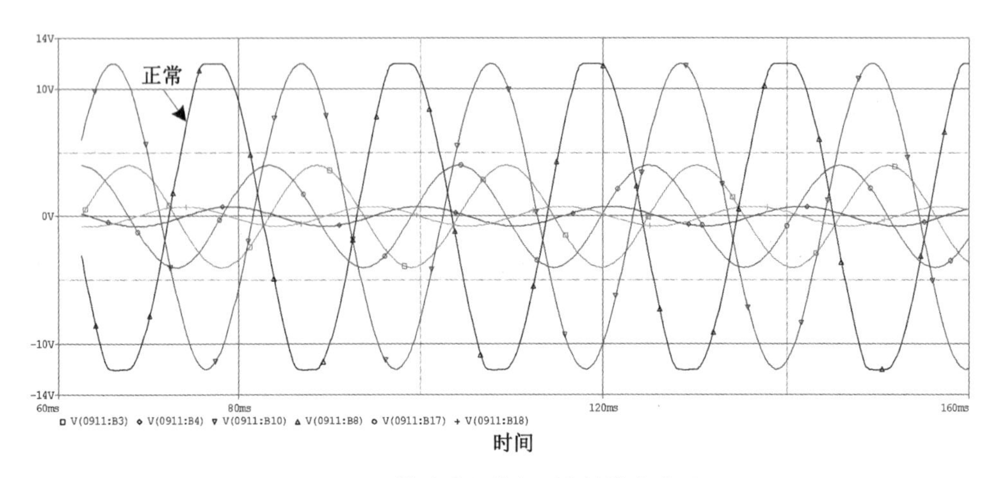

图 5-14　故障注入前各测点的输出波形

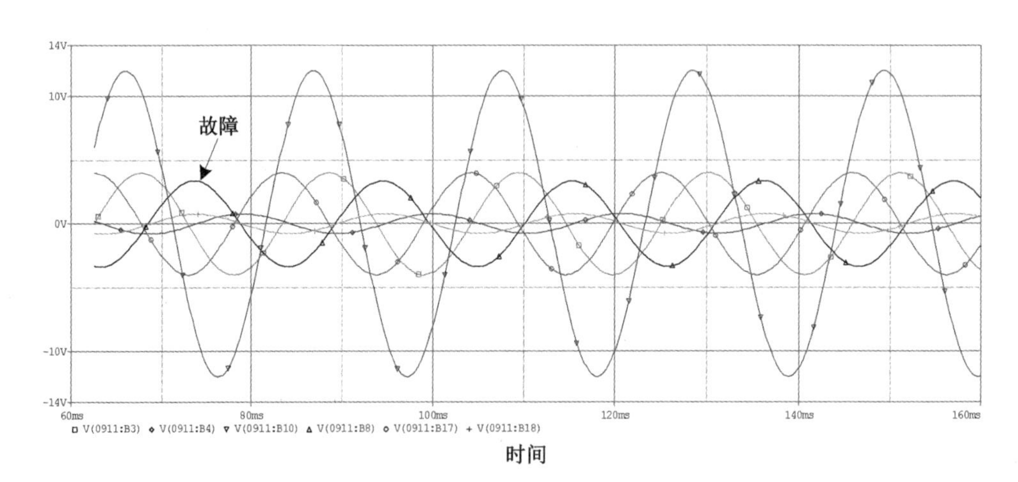

图 5-15　故障注入后各测点的输出波形

表 5-2　各节点的物理信号输出与 ETE/ATE 检测结果

序号	雷达中设置的测点名称	网单节点	板卡输出管脚	ATE/ETE 测试
1	0911B18_方位基准电压	N01952	AO-0_1 脚	检测出
2	0911B8_谐振放大器输出	N01969	AO-2_3 脚	检测出
3	0911B3_X 高低基准电压	N00228	AO-3_4 脚	检测出
4	0911B10_X 接收机输出	N00237	AO-4_9 脚	检测出
5	0911B17_X 方位基准电压	N00248	AO-5_10 脚	检测出
6	0912B21_自动支路输出	N02267	AO-1_2 脚	检测出

表 5-2(续)

序号	雷达中设置的测点名称	网单节点	板卡输出管脚	ATE/ETE 测试
7	0913B21_自动支路输出	N02242	AO-6_11 脚	检测出
8	0911B4_高低基准电压	N01942	AO-7_12 脚	检测出

5.4.3　测试性综合验证评价

使用仿真的方式对其进行建模分析,得到的评价结果为 86.66%。该数据可作为第一阶段的测试性试验数据,为了保持与成败型数据相同的数据格式,其数值可以转化为(15,13)的成败型试验数据。

将仿真测试数据与 ETE/ATE 测试性数据作为阶段性试验数据,那么得到的三个阶段性的(n,s)数据分别为(15,13),(15,14),(8,8)。结合装备实物的故障注入试验数据,采用改进狄氏分布拟合测试性增长过程的方法进行综合验证评价。

由专家给出 4 个阶段增长的测试性参数先验估计值为(0.70,0.80,0.90,0.95)。那么依据各阶段的试验数据及专家经验得到的先验信息及等效分布参数如表 5-3 所示。

表 5-3　雷达某系统先验信息与等效的贝塔分布参数

阶段	试验数据		先验信息			等效贝塔分布		
	n_i	s_i	p_i	$(p_{i,\mathrm{L}},p_{i,\mathrm{H}})$	V_i	a_i	b_i	V_i
阶段 1	15	13	0.70	(0.6,0.8)	0.003 3	43.400	18.600	0.003 3
阶段 2	15	14	0.80	(0.72,0.88)	0.002 1	7.666 7	15.333 4	0.000 4
阶段 3	8	8	0.90	(0.85,0.95)	0.000 8	5.500 0	5.500 0	0.000 2
阶段 4	—	—	0.95	(0.92,0.98)	0.000 3	5.500 0	5.500 0	0.000 05

使用该组数据得到各阶段参数先验分布如图 5-16 所示。

使用该雷达装备进行测试性试验,得到的实物试验数据为(3,3)。采用 Gibbs 抽样的 MCMC 方法对高维后验积分进行求解,得到的各阶段参数后验运算结果,结果界面如图 5-17 所示。

得到的各阶段参数的后验估值列于表 5-4 中。

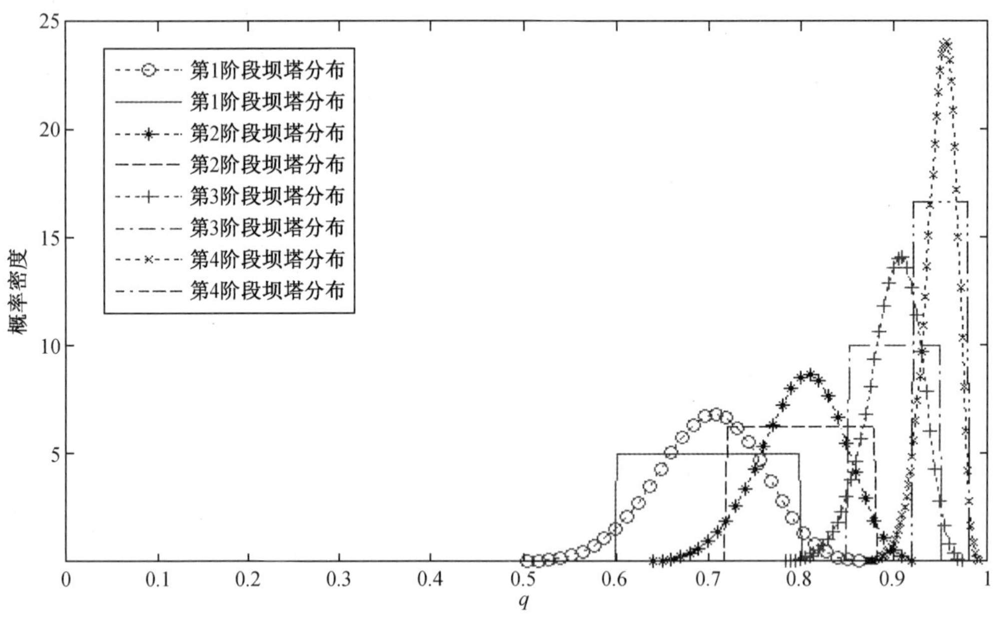

图 5-16　各阶段先验估值的均匀分布与贝塔分布情况

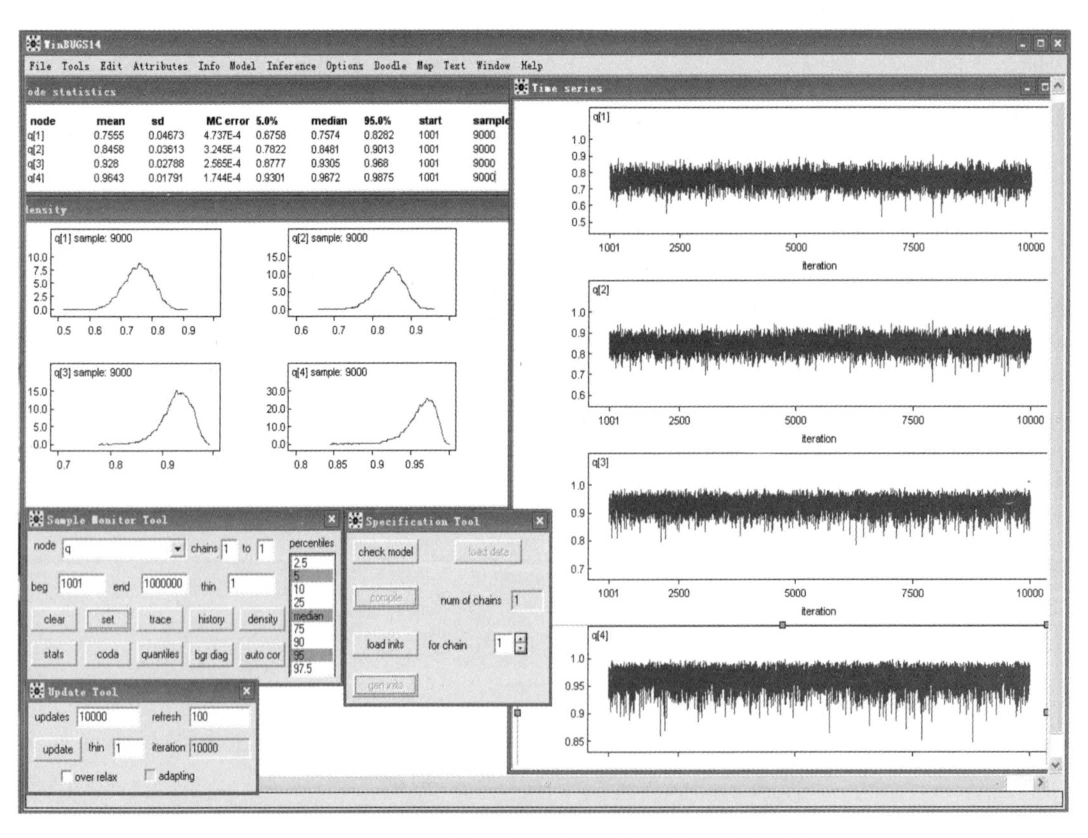

图 5-17　Gibbs 抽样的贝叶斯后验积分运算结果界面

表 5-4　各阶段参数的贝叶斯后验估值

参数	平均值	标准差	蒙特卡洛误差	5.0%	中位数	95.0%	起始点	采样点
q_1	0.755 5	0.046 73	4.737E-4	0.675 8	0.757 4	0.828 2	1 001	9 000
q_2	0.845 8	0.036 13	3.245E-4	0.782 2	0.848 1	0.901 3	1 001	9 000
q_3	0.928 0	0.027 88	2.565E-4	0.877 7	0.930 5	0.968 0	1 001	9 000
q_4	0.964 3	0.017 91	1.744E-4	0.930 1	0.967 2	0.987 5	1 001	9 000

由表中数据得到,第 4 阶段测试性水平 FDR 的后验均值为 0.964 3,置信度为 90%的区间估计为(0.930 1,0.987 5)。合同中 FDR 设计目标值为 0.95,最低可接受值为 0.90。因此,可确定 09 组合的测试性水平达到了设计要求,得出予以接收的结论。

5.5　本章小结

本章主要介绍了测试性综合验证评价方法的工程实现过程。首先,介绍半实物仿真系统的构成,给出了使用该系统进行测试性综合验证评价的思路与流程;其次,对工程实现中的软件编程、硬件开发进行了介绍,说明软、硬件分别实现的功能;最后,以某型雷达的天线控制组合(09 组合)为对象,使用半实物仿真系统进行测试性试验,对获取的试验数据采用改进狄氏分布的方法进行统计,实现了测试性的综合验证评价。

第6章

结论与展望

6.1 研究总结

随着电子技术及制造工业的发展,电子装备的复杂程度越来越高,这对装备保障提出了新的要求。在满足性能指标与可靠性设计的同时,也要满足测试性设计指标,为了对装备的测试性水平进行客观真实的评价,严把质量关,并对测试性设计的改进优化提供帮助,必须研究更加符合实际的测试性综合验证评价方法,才能得到更加真实的结果。本书主要从基于模型的测试性定量评价、仿真与试验实物数据相结合的综合验证评价、测试性增长的综合验证评价三个方面,深入研究了测试性验证评价的理论方法,开发了半实物仿真的测试性综合验证评价系统,为测试性验证评价提供了一定的理论与技术支撑。本书的主要研究成果与创新点如下:

(1)在分析原有测试性模型的基础上,提出了新的测试性定量评价方法

给出一种基于装备属性的测试性定量评价方法,使用设计资料建立装备的属性模型,依据属性之间的相互映射关系进行了测试性定量评价。在分析测试性建模思想的基础上,提出了一种基于层次测试性模型的评价方法,以多信号流图模型为基础,在维修级别的约束下,将建模对象依据维修级别进行层次性划分,建立层次测试性模型,实现了测试性定量评价。考虑实际中测试不确定性的情况,研究了测试不确定性情况下的测试性评价方法,采用蒙特卡洛仿真的方法获取故障-测试条件概率信息,进行测试性定量评价。在维修体制改革下,要求快速生成战斗力,综合考虑测试维修对任务再生能力的影响,探讨了一种考虑任务再生能力的测试性评价方法。

(2)使用仿真数据与实物数据进行测试性综合验证评价

分析了仿真试验与实物试验的优缺点,提出使用融合两种数据的测试性综合验证评价方法。将仿真试验数据作为先验信息,采用贝叶斯方法融合小子样实物试验数据,得到更加真实的评价结果。在此基础上,为解决仿真数据量过大而“淹没”实物试验数据的问题,

对仿真数据进行可信度分析,研究了考虑仿真数据可信度的贝叶斯融合方法。并分析了仿真数据可信度、数据量与后验权重、后验期望之间的约束关系,总结了相互之间的影响规律,为合理使用仿真数据提供了重要参考。

(3)基于测试性增长过程研究了新的综合验证评价方法

装备的测试性水平是逐步增长的,依据“小子样、多阶段、异总体”的数据特点,研究了几种新的测试性综合验证评价方法。对于改进型装备,使用“继承因子”描述新老装备的相似程度,使用“继承因子”实现了测试性验证评价。在具有多个阶段试验数据的情况下,研究了测试性评价的一般方法与贝叶斯方法。为了能够描述测试性的增长趋势研究了两种基于数学模型的测试性综合验证评价方法,并运用案例分析了其有效性。使用改进狄氏分布的方法能够有效使用专家经验信息,并依据阶段性试验数据实现了测试性综合验证评价。在对改进狄氏分布的后验高维积分的求解中,研究了 Gibbs 抽样的 MCMC 方法,得到了评价结果。

(4)基于理论开发了半实物仿真的测试性综合验证评价系统

对装备的仿真模型、故障模型、自动化仿真故障注入、物理信号生成、信号调理等关键技术进行了工程开发,实现了系统的设计。以某型雷达为对象,依据该系统获取的测试性试验数据,采用改进狄氏分布测试性增长过程的验证评价方法,完成了装备的测试性评价工作并给出了验证结论。该系统具有通用性,可推广应用到其他电子装备,具有明显的军事价值和经济意义。

6.2　研究展望

测试性试验与评价是测试性领域中的关键技术,也是研究的难点、热点问题。本书针对 FDR/FIR 的综合验证评价展开了一些研究工作,在测试性试验评价方面仍有许多问题需要进一步深入研究:

(1)本书针对 FDR/FIR 的综合验证评价方法展开了研究,没有对虚警进行验证评价。虚警也是测试性中的一项关键参数,对虚警进行验证评价工作是下一步研究的内容。

(2)当考虑 PHM、综合诊断与自主保障等技术对测试性的需求时,测试性技术的具体内容将会在原有的技术框架下发生改变,此时要依据新的需求,使用新的理论方法进行测试性验证评价。

(3)本书的半实物仿真系统正处于工程化开发阶段,对于 PSpice 自带的器件或者已有的故障模型能够实现故障注入的功能,下一步需要研究子电路或模块的故障模型。

附　　录

表 A　某型雷达方位目标跟踪系统多信号相关性矩阵

	*TP*1	*TP*2			*TP*3		*TP*4		*TP*5		*TP*6			*TP*7		*TP*8	*TP*9	*TP*10	
	*S*1	*S*1	*S*2	*S*10	*S*2	*S*3	*S*3	*S*4	*S*4	*S*5	*S*5	*S*6	*S*8	*S*6	*S*7	*S*8	*S*9	*S*9	*S*10
*U*1(*F*)	1	1	1	0	1	1	1	1	1	1	1	1	1	1	1	1	0	0	0
*U*2(*F*)	0	0	1	1	1	1	1	1	1	1	1	1	1	1	1	1	0	0	0
*U*3(*F*)	0	0	0	0	0	1	1	1	1	1	1	1	1	1	1	1	0	0	0
*U*4(*F*)	0	0	0	0	0	0	0	1	1	1	1	1	1	1	1	1	0	0	0
*U*5(*F*)	0	0	0	0	0	0	0	0	0	1	1	1	1	1	1	1	0	0	0
*U*6(*F*)	0	0	0	0	0	0	0	0	0	0	0	1	1	1	1	1	0	0	0
*U*7(*F*)	0	0	0	0	0	0	0	0	0	0	0	1	1	1	1	1	0	0	0
*U*8(*F*)	0	0	0	0	0	0	0	0	0	0	0	1	1	1	1	1	0	0	0
*U*9(*F*)	0	0	0	0	0	0	0	0	0	0	0	1	1	1	1	1	0	0	0
*U*10(*F*)	0	0	1	1	1	1	1	1	1	1	1	1	1	1	1	1	0	0	1
*U*11(*F*)	0	0	1	1	1	1	1	1	1	1	1	1	1	1	1	1	1	1	1

表 B　基于多信号模型的条件概率 $P(tp_j \mid F_i)$ 矩阵

	TP1		TP2		TP3		TP4			TP5		TP6			TP7	TP8	TP9	TP10
	S1	S1	S2	S10	S2	S3	S3	S4	S4	S5	S5	S6	S8	S6	S7	S8	S9	S9	S10
U1(F)	0.98	0.956	0.969	0.001	0.987	0.979	0.918	0.948	0.956	0.977	0.984	0.987	0.980	0.989	0.944	0.971	0.001	0.002	0.001
U2(F)	0.00	0.001	0.989	0.979	0.970	0.967	0.958	0.962	0.905	0.920	0.901	0.969	0.998	0.912	0.972	0.934	0.001	0.001	0.001
U3(F)	0.00	0.001	0.001	0.001	0.001	0.925	0.940	0.951	0.947	0.929	0.971	0.921	0.950	0.968	0.902	0.905	0.001	0.001	0.001
U4(F)	0.00	0.001	0.001	0.001	0.002	0.001	0.002	0.905	0.944	0.903	0.971	0.978	0.949	0.939	0.989	0.942	0.001	0.001	0.001
U5(F)	0.00	0.001	0.001	0.002	0.001	0.001	0.001	0.001	0.001	0.972	0.993	0.962	0.920	0.911	0.957	0.979	0.001	0.001	0.001
U6(F)	0.00	0.001	0.001	0.001	0.001	0.002	0.001	0.001	0.001	0.001	0.001	0.903	0.902	0.902	0.902	0.963	0.001	0.001	0.001
U7(F)	0.00	0.001	0.001	0.001	0.001	0.001	0.001	0.001	0.001	0.001	0.001	0.997	0.914	0.988	0.978	0.919	0.001	0.001	0.001
U8(F)	0.00	0.001	0.001	0.001	0.001	0.001	0.001	0.001	0.001	0.001	0.002	0.933	0.980	0.918	0.947	0.964	0.001	0.001	0.001
U9(F)	0.00	0.001	0.001	0.001	0.001	0.001	0.001	0.001	0.001	0.001	0.001	0.983	0.943	0.983	0.928	0.941	0.001	0.001	0.001
U10(F)	0.00	0.001	0.907	0.940	0.976	0.900	0.989	0.983	0.975	0.985	0.986	0.983	0.981	0.939	0.963	0.941	0.001	0.001	0.985
U11(F)	0.00	0.001	0.995	0.940	0.913	0.965	0.998	0.929	0.962	0.939	0.961	0.923	0.925	0.965	0.912	0.935	0.934	0.987	0.920

表 C　基于条件概率的多信号模型 $P(tp_i \mid F_i)$ 矩阵

	TP1		TP2		TP3		TP4		TP5	
	S1	S1	S2	S10	S2	S3	S3	S4	S4	S5
U1(F)	0. 002 67	0. 002 56	0. 000 62	0	0. 000 42	0. 000 86	0. 001 27	0. 004	0. 001 22	0. 001 75
U2(F)	0	0	0. 001 29	0. 000 62	0. 001 77	0. 000 2	0. 002 37	0. 000 15	0. 004 1	0. 002 92
U3(F)	0	0	0	0	0	0. 000 98	0. 003 42	0. 000 8	0. 004 76	0. 000 06
U4(F)	0	0	0	0	0	0	0	0. 000 23	0. 000 5	0. 003 84
U5(F)	0	0	0	0	0	0	0	0	0	0. 002 85
U6(F)	0	0	0	0	0	0	0	0	0	0
U7(F)	0	0	0	0	0	0	0	0	0	0
U8(F)	0	0	0	0	0	0	0	0	0	0
U9(F)	0	0	0	0	0	0	0	0	0	0
U10(F)	0	0	0. 002 12	0. 000 14	0. 001 2	0. 003 04	0. 004 2	0. 003 24	0. 003 47	0. 000 67
U11(F)	0	0	0. 004 54	0. 000 29	0. 001 31	0. 001 85	0. 000 72	0. 003 97	0. 000 26	0. 003 58

	TP6			TP7		TP8	TP9	TP10	
	S5	S6	S8	S6	S7	S8	S9	S9	S10
U1(F)	0. 001 88	0. 004 17	0. 002 75	0. 001 6	0. 001 83	0. 000 51	0	0	0
U2(F)	0. 004 45	0. 001 34	0. 001 98	0. 003 93	0. 003 69	0. 002 11	0	0	0
U3(F)	0. 001 4	0. 001 35	0. 000 13	0. 001 92	0. 000 31	0. 001 26	0	0	0
U4(F)	0. 001 23	0. 001 89	0. 004 1	0. 000 02	0. 001 97	0. 000 14	0	0	0
U5(F)	0. 002 17	0. 000 33	0. 004 85	0. 002 82	0. 003 93	0. 002 64	0	0	0
U6(F)	0	0. 001 25	0. 004 75	0. 003 76	0. 004 54	0. 000 09	0	0	0
U7(F)	0	0. 002 32	0. 000 77	0. 000 51	0. 001 6	0. 001 28	0	0	0
U8(F)	0	0. 002 03	0. 003 48	0. 000 24	0. 001 73	0. 003 85	0	0	0
U9(F)	0	0. 001 97	0. 000 16	0. 001 56	0. 002 74	0. 000 19	0	0	0
U10(F)	0. 000 62	0. 004 9	0. 000 98	0. 000 16	0. 000 57	0. 002 67	0	0	0. 000 42
U11(F)	0. 003 29	0. 004 37	0. 000 22	0. 000 55	0. 000 86	0. 000 08	0. 000 85	0. 002 06	0. 002 76

参考文献

[1] 中国人民解放军总装备部. 装备测试性工作通用要求:GJB 2547A—2012[S]. 北京:总装备部军标出版发行部,2012.

[2] 邱静,刘冠军,杨鹏,等. 装备测试性建模与设计技术[M]. 北京:科学出版社,2012.

[3] 石君友. 测试性设计分析与验证[M]. 北京:国防工业出版社,2011.

[4] 田仲,石君友. 系统测试性设计分析与验证[M]. 北京:北京航空航天大学出版社,2003.

[5] 曾天翔. 电子设备测试性及诊断技术[M]. 北京:航空工业出版社,1996.

[6] 张耀辉,王承红,张仕新,等. 基于任务的装备维修决策研究[J]. 装甲兵工程学院学报,2010,24(1):1-7.

[7] PITT D, HAYES B, GOODMAN C. F/A-18E/F aeroservoelastic design, analysis, and test [C]//Proceedings of the 44th AIAA/ASME/ASCE/AHS/ASC Structures, Structural Dynamics, and Materials Conference, April 7-10, 2003, Norfolk, Virginia. Reston: AIAA, 2003:1-10.

[8] BAIN K T, ORWIG D G. F/A-18E/F built-in-test(BIT) maturation process[C]// National Defense Industrial Association System Engineering Committee 3th Annual Systems Engineering & Supportability Conference, 2000:401-408.

[9] 国防科学技术工业委员会. 产品质量保证大纲要求:GJB 1406A—2021[S]. 北京:国防科工委军标出版发行部,1992.

[10] 中国人民解放军总装备部. 装备质量管理术语:GJB 1405A—2006[S]. 北京:总装备部军标出版发行部,2006.

[11] ALBERT J H, PARTRIDGE M J, SPILLMAN R. J. Built-in-test verification techniques: AD-A182335[R]. [S. l. :s. n.],1987.

[12] BARENTT N. In-service reliability, maintainability and testability demonstrations-15 years of experience[C]//Annual Reliability and Maintainability Symposium (The International Symposium on Product Quality and Integrity), January 27-30, 2003, Tampa, USA. IEEE, 2003:587-592.

[13] KEINER W L. A Navy approach to integrated diagnositics [C]//IEEE Conference on

Systems Readiness Technology, 'Advancing Mission Accomplishment', September 17-21, 1990, San Antonio, TX, USA. IEEE, 1990:443-450.

[14] PLISKA T, JEW F L, ANGUS J. BIT/external test figures of merit and demonstration techniques[R]. [S. l. :s. n.], 1979.

[15] DOD. Military standard maintainability program for systems and equipments: MIL-STD-470A[S]. [S. l. :s. n.], 1983.

[16] DOD. Demonstration and evaluation of equipments / system built-in test / external test / fault isolation /testability attributes and requirements: MIL-STD-471A Interim Notice 2 [S]. [S. l. :s. n.], 1978.

[17] SUDOLSKY M D. C-17 O-level fault detection and isolation bit improvement concepts [C]//Conference Record. AUTOTESTCON ´96, September 16-19, 1996, Dayton, OH, USA. IEEE, 1996:361-368.

[18] COTTON R, LOPEZ J. Establishment of the B-2 avionics organic depot[C]// 1997 IEEE Autotestcon Proceedings AUTOTESTCON '97. IEEE Systems Readiness Technology Conference. Systems Readiness Supporting Global Needs and Awareness in the 21st Century, September, 22-25, 1997, Anaheim, CA, USA. IEEE, 1997:212-217.

[19] DOD. Testability handbook for systems and equipment: MIL-HDBK-2165[S]. [S. l. : s. n.], 1995.

[20] DOD. Military standard testability program for electronic systems and equipments: MIL-STD-2165[S]. [S. l. :s. n.], 1985.

[21] DOD. Military standard testability program for electronic systems and equipments: MIL-STD-2165A[S]. [S. l. :s. n.], 1993.

[22] 国防科学技术工业委员会. 装备测试性大纲:GJB 2547—1995[S]. 北京:国防科工委军标出版发行部,1995.

[23] 中国人民解放军总装备部. 测试与诊断术语:GJB 3385—1998[S]. 北京:总装备部军标出版发行部,1998.

[24] 中国人民解放军总装备部. 军用地面雷达测试性要求:GJB 3970—2000[S]. 北京:总装备部军标出版发行部,2000.

[25] 中国人民解放军总装备部. 侦察雷达测试性通用要求:GJB 4260—2001[S]. 北京:总装备部军标出版发行部,2001.

[26] 中国航空工业总公司. 军用飞机可靠性维修性外场验证:HB7177—1995[S]. 北京:中国航空工业总公司第三〇一研究所,1995.

[27] 温熙森,徐永成. 智能机内测试理论与应用[M]. 北京:国防工业出版社,2002.

[28] 温熙森.模式识别与状态监控[M].北京:科学出版社,2007.

[29] 邱静,刘冠军,吕克洪,等.机电系统机内测试降虚警技术[M].北京:科学出版社,2009.

[30] 李天梅.装备测试性验证试验优化设计与综合评估方法研究[D].长沙:国防科技大学,2010.

[31] 谭晓栋.面向装备健康状态评估的可测性设计关键技术研究[D].长沙:国防科技大学,2013.

[32] 杨述明.面向装备健康管理的可测性技术研究[D].长沙:国防科技大学,2012.

[33] 张勇.装备测试性虚拟验证试验关键技术研究[D].长沙:国防科技大学,2012.

[34] 徐萍.测试性试验方法与试验平台研究[D].北京:北京航空航天大学,2006.

[35] 康锐,石荣德,肖波平,等.型号可靠性维修性保障性技术规范:第3册[M].北京:国防工业出版社,2010.

[36] 李天梅,胡昌华,周鑫.基于Bayes变动统计理论的测试性综合评估模型及其稳健性分析[J].机械工程学报,2012,48(6):180-186.

[37] 余思奇,景博,黄以锋.基于D-S证据理论的测试性综合评估方法[J].计算机应用研究,2014,31(7):2071-2073.

[38] 刘刚,黎放,胡斌.基于相关性模型的舰船装备测试性分析与建模[J].海军工程大学学报,2012,24(4):46-51.

[39] 刘刚,吕建伟,胡斌.复杂装备测试性建模问题研究[J].舰船电子工程,2013,33(5):137-139.

[40] 邓露,许爱强,赵秀丽.基于故障属性的测试性验证试验样本分配方案[J].测试技术学报,2014,28(2):103-107.

[41] 王成刚,王学伟,蔡士闯.基于相关性模型的电路板TPS开发与验证[J].测控技术,2011,30(10):110-113.

[42] 王成刚,周晓东,杨智勇.多信号模型故障模式与信号概率关联算法[J].测试技术学报,2009,23(4):362-365.

[43] 郃思杰,曹勇,李爱民.基于多信号模型的火控系统测试性分析与仿真验证[J].计算机测量与控制,2012,20(7):1907-1909.

[44] 邵思杰,曹勇,朱英斌.基于并行工程的武器装备测试性工作模型分析[J].装备学院学报,2013,24(3):118-121.

[45] 何星,王宏力,陆敬辉,等.基于TEAMS的惯性测量组合测试性建模分析[J].中国测试,2013,39(2):121-124.

[46] 黄考利,连光耀.装备测试性设计建模及其应用[M].北京:兵器工业出版社,2010.

[47] 连光耀. 基于信息模型的装备测试性设计与分析方法研究[D]. 石家庄:军械工程学院,2007.

[48] 马彦恒. 通用雷达装备测试性验证与评估理论方法研究[D]. 西安:西安交通大学,2008.

[49] 马彦恒,李刚. 国防技术报告:××装备测试性仿真验证与评估技术研究[R]. 石家庄:军械工程学院,2011.

[50] 赵继承,顾宗山,吴昊,等. 雷达系统测试性设计[J]. 雷达科学与技术,2009,7(3):174-179.

[51] 杜敏杰. BITE 与 ATE 相结合的组合测试技术与综合诊断方法研究[D]. 石家庄:军械工程学院,2012.

[52] 派克·迈克尔,康锐. 故障诊断、预测与系统健康管理[M]. 香港:香港城市大学故障预测与系统健康管理研究中心,2010.

[53] 徐玉国. 装备自主维修保障关键技术研究[D]. 长沙:国防科技大学,2012.

[54] ASHRAF U A,CHENG Z X,SAITO S. Information flow model and estimations for services on the internet[C]//18th International Conference on Advanced Information Networking and Applications,2004. AINA 2004. Fukuoka,Japan. IEEE,2004,(1):499-505.

[55] BASTEN R J I,VAN DER HEIJDEN M C,SCHUTTEN J M J. A minimum cost flow model for level of repair analysis[J]. International Journal of Production Economics, 2011, 133(1):233-242.

[56] GROUMPOS P P. Structural analysis of multilevel hierarchical systems[C]//Proceedings of IEEE Systems Man and Cybernetics Conference - SMC, October 17 - 20, 1993, Le Touquet,France. IEEE,1993:385-389.

[57] LONG B,DAI Z J,TIAN S L,et al. A hierarchical modeling and fault diagnosis technique for complex electronic devices [C]//2009 IEEE Circuits and Systems International Conference on Testing and Diagnosis, April 28 - 29, 2009, Chengdu, China. IEEE, 2009: 1-4.

[58] DEB S,PATTIPATI K R,RAGHAVAN V,et al. Multi-signal flow graphs:a novel approach for system testability analysis and fault diagnosis[J]. IEEE Aerospace and Electronic Systems Magazine,1995,10(5):14-25.

[59] NAIR R,LIN C,HAYNES L,et al. Automatic dependency model generation using SPICE event driven simulation[C]//Conference Record. AUTOTESTCON '96,September 16-19, 1996,Dayton,USA. IEEE,1996:318-328.

[60] 杨鹏. 基于相关性模型的诊断策略优化设计技术[D]. 长沙:国防科技大学,2008.

[61] 高鑫宇,刘冠军,邱静,等.基于模糊概率多信号流图的故障传播模型研究[J].测试技术学报,2009,23(4):354-357.

[62] 王成刚,王学伟,周晓东.测试性建模与分析中的故障概率获取方法研究[J].测试技术学报,2010,24(1):9-14.

[63] 代京,于劲松,张平,等.基于多信号流图的诊断贝叶斯网络建模[J].北京航空航天大学学报,2009,35(4):472-475.

[64] 代京,张平,李行善,等.航空机电系统测试性建模与分析新方法[J].航空学报,2010,31(2):277-284.

[65] ZHANG S G,PATTIPATI K R,HU Z,et al. Optimal selection of imperfect tests for fault detection and isolation[J]. IEEE Transactions on Systems,Man,and Cybernetics:Systems,2013,43(6):1370-1384.

[66] ZHANG S G,PATTIPATI K R,HU Z,et al. Dynamic coupled fault diagnosis with propagation and observation delays[J]. IEEE Transactions on Systems,Man,and Cybernetics:Systems,2013,43(6):1424-1439.

[67] 张士刚.非完美测试条件下的测试性设计理论与方法研究[D].长沙:国防科技大学,2013.

[68] 张士刚.基于多信号模型的诊断策略优化与生成技术研究[D].长沙:国防科技大学,2008.

[69] 胡政,黎琼炜,温熙森.可测试性技术中的图论问题及其求解[J].工程数学学报,2003,20(3):31-35,124.

[70] 胡政,温熙森,钱彦岭.可测试性设计中的优化问题及求解算法[J].计算机工程与应用,2000,36(11):42-44.

[71] 刘本德,胡昌华.基于图论模型的模拟电路故障可测性分析[J].弹箭与制导学报,2006,27(4):257-260.

[72] 王晓东,李沁春.基于结构模型的故障诊断技术研究[J].海军工程大学学报,2001 (3):32-36.

[73] 连光耀,黄考利,郭瑞,等.基于结构模型的测试性设计与分析技术研究[J].系统工程与电子技术,2007,29(10):1777-1780.

[74] 林志文,陈晓明,杨士元.基于XML模式的D-矩阵描述及诊断应用[J].兵工学报,2010,31(3):385-390.

[75] 苏永定.装备系统测试性需求分析技术研究[D].长沙:国防科技大学,2011.

[76] 陈希祥.装备测试性方案优化设计技术研究[D].长沙:国防科技大学,2010.

[77] 钱彦岭.测试性建模技术及其应用[D].长沙:国防科技大学,2002.

[78] RICKARD S. Model-implemented fault injection for robustness assessment[D]. Stockholm: KTH Royal Institute of Technology,2011.

[79] 张毅. 模拟电路测试性仿真验证平台设计与实现[D]. 西安:西安交通大学,2010.

[80] MARTINS E,RUBIRA C M F,LEME N G M. Jaca:a reflective fault injection tool based on patterns[C]//Proceedings International Conference on Dependable Systems and Networks, June 23-26,2002,Washington,DC,USA. IEEE,2002:483-487.

[81] AIDEMARK J, VINTER J, FOLKESSON P, et al. GOOFI: generic object-oriented fault injection tool [C]//Proceedings International Conference on Dependable Systems and Networks. Goteborg,Sweden. IEEE Comput. Soc,2001,1-6.

[82] 石君友,康锐. 基于 EDA 技术的电路容差分析方法研究[J]. 北京航空航天大学学报, 2001,27(1):121-124.

[83] 石君友,李郑,刘骝,等. 自动控制故障注入设备的设计与实现[J]. 航空学报,2007, 28(3):556-560.

[84] 石晶. 分布式系统的故障注入方法研究[D]. 哈尔滨:哈尔滨工业大学,2008.

[85] 王平. 软硬件协同容错电源控制系统验证[J]. 微电子学与计算机,2004,21(5): 157-160.

[86] 张晓杰,王晓峰,王琳. 基于 TMS320C54x 的机内测试测试性验证系统[J]. 河北工业大学学报,2005,34(6):10-15.

[87] 刘丹丹,王晓峰. 验证 BIT 测试性指标的总线级故障注入系统及其设计[J]. 航天器环境工程,2008,25(5):479-484.

[88] 王道震,邵家骏,王晓峰. 基于 HALT 的测试性验证方法研究[J]. 可靠性与环境适应性理论研究,2010,28(1):10-13.

[89] 常庆. 基于 DSP 技术的故障注入系统设计与实现[D]. 石家庄:军械工程学院,2007.

[90] 高鑫宇. 测试性虚拟验证中的故障建模技术[D]. 长沙:国防科技大学,2009.

[91] 李志宇. 装备测试性验证中的仿真故障注入技术研究[D]. 石家庄:军械工程学院,2013.

[92] MA Y H, HAN J Q, LI G. Study on hypergeometric distribution method of electronic equipment testability demonstration [C]//2008 Second UKSIM European Symposium on Computer Modeling and Simulation, September 8-10, 2008, Liverpool, UK. IEEE, 2008: 418-423.

[93] YIN Y W,SHANG C X,MA Y H,et al. The research on electronic equipment's testability integrated demonstration [C]//Proceedings of the IEEE 2012 Prognostics and System Health Management Conference (PHM-2012 Beijing), May 23-25, 2012, Beijing,

China. IEEE,2012:1-520.

[94] YIN Y,SHANG C,MA Y H,et al. The application of fault injection using circuit simulation in testability verification[J]. Applied Mechanics and Materials,2013,347-350:937-941.

[95] 陈隽. 雷达系统电路故障仿真注入方法与实现技术研究[D]. 石家庄:军械工程学院,2010.

[96] 李刚,马彦恒,张清龙. 新型电子装备固有测试性验证研究[J]. 军械学院学报,2007,19(4):17-20.

[97] 马彦恒,李刚. 国防技术报告:××测试性综合试验验证分析技术[R]. 军械工程学院,2011.

[98] 马彦恒,王志云,胡文华,等. 雷达性能测试技术[M]. 北京:国防工业出版社,2007.

[99] 宋丽蔚. 雷达装备测试性仿真验证与评估方法研究[D]. 石家庄:军械工程学院,2012.

[100] 尹园威. 雷达装备测试性验证系统信号模拟器研制[D]. 石家庄:军械工程学院,2010.

[101] 尹园威,尚朝轩,马彦恒,等. 电路仿真的故障自动注入系统设计与实现[J]. 计算机测量与控制,2013,21(9):2356-2358,2361.

[102] 尹园威,尚朝轩,马彦恒,等. 装备测试性设计的层次诊断方法[J]. 海军工程大学学报,2014,26(1):71-75.

[103] 尹园威,尚朝轩,马彦恒,等. 层次测试性模型的评估方法[J]. 北京:北京航空航天大学学报,2015,41(1):90-95.

[104] 尹园威,尚朝轩,马彦恒,等. 基于故障注入的雷达装备测试性验证试验方法[J]. 计算机测量与控制,2014,22(7):2128-2130.

[105] 张晔. 雷达装备 BIT 测试能力评价及优化设计研究[D]. 石家庄:军械工程学院,2012.

[106] 石君友,纪超,李海伟. 测试性验证技术与应用现状分析[J]. 测控技术,2012,31(5):29-32.

[107] 国防科学技术工业委员会. 通用雷达、指挥仪维修性评审与试验方法:GJB 1298—1991[S]. 北京:国防科工委军标出版发行部,1991.

[108] 中国人民解放军总参谋部. 雷达监控分系统性能测试性方法:BIT 故障发现率、故障隔离率、虚警率:GJB/Z 20045—1991[S]. 北京:武器装备综合论证研究所,1991.

[109] 国防科学技术工业委员会. 维修性试验与评定:GJB 2072—1994[S]. 北京:国防科工委军标出版发行部,1994.

[110] PLISKA T,JEW F L,ANGUS J. BIT/external test figures of merit and demonstration techniques:AD-A081128[R]. [S. l. :s. n.],1979.

[111] BYRON J, DEIGHT L, STRATTON G. RADC testability notebook: AD-A118881[R]. [S.l.: s.n.], 1982.

[112] COPPOLA A. Artifical intelligence applications to maintenance technology working group report: IDA/OSD R&M study: AD-A137329[R]. 1983.

[113] DOD. Definitions of terms for test, measurement and diagnostic equipment: MIL-STD-1309D[S]. [S.l.: s.n.], 1992.

[114] DOD. Integrated Diagnostics: MIL-HDBK-1814[S]. [S.l.: s.n.], 1997.

[115] BERNATH G. Fault detection and isolation: N94-27289/5/XAD [R]. Columbus: Ohio University, 1994.

[116] CURRENT K W, CHU W S. Demonstration of an analog IC function maintenance strategy, including direct calibration, built-in self-test, and commutation of redundant functional blocks[J]. Analog Integrated Circuits and Signal Processing, 2001, 26(2): 129-140.

[117] LAURENT O. Using formal methods and testability concepts in the avionics systems validation and verification (V&V) process[C]//2010 Third International Conference on Software Testing, Verification and Validation, April 7-9, 2010, Paris, France. IEEE, 2010: 1-10.

[118] SMITH J, LOWENSTEIN D. Built in test-coverage and diagnostics[C]//2009 IEEE AUTOTESTCON, September 14-17, 2009, Anaheim, USA. IEEE, 2009: 169-172.

[119] 石君友. 测试性试验验证中的样本选取方法研究[D]. 北京: 北京航空航天大学, 2004.

[120] 石君友, 康锐. 基于通用充分性准则的测试性试验方案研究[J]. 航空学报, 2005, 26(6): 691-695.

[121] 常春贺, 杨江平. 基于层次模糊决策的雷达装备测试性综合评估[J]. 雷达科学与技术, 2011, 9(4): 293-299.

[122] 常春贺, 杨江平, 卢雷. 基于试验和预计的雷达装备测试性评估方法研究[J]. 装备学院学报, 2012, 23(3): 87-92.

[123] 常春贺, 杨江平, 王荣, 等. 基于物元可拓法的雷达装备测试性评价 [J]. 雷达科学与技术, 2012, 1(1): 22-26.

[124] 李天梅, 邱静, 刘冠军. 基于 Bayes 变动统计理论的测试性外场统计验证方法[J]. 航空学报, 2010, 31(2): 335-341.

[125] ALSTON C L, MENGERSEN K L, PETTITT, A N. Case studies in bayesian statistical modelling and analysis[M]. Hoboken: John Wiley & Sons. 2013.

[126] 蔡洪, 张士峰, 张金槐. Bayes 试验分析与评估[M]. 长沙: 国防科技大学出版

社,2004.

[127] 唐雪梅,张金槐,邵凤昌,等.武器装备小子样试验分析与评估[M].北京:国防工业出版社,2001.

[128] 武小悦,刘琦.装备试验与评价[M].北京:国防工业出版社,2008.

[129] MING Z M,TAO J Y,CHEN X,et al. Bayesian demonstration test method with mixed beta distribution[J]. Chinese Journal of Mechanical Engineering (English Edition),2008,21(3):116-119.

[130] MING Z M,TAO J Y,YI X S,et al. Bayesian reliability-growth analysis for statistical of diverse population based on non-homogeneous Poisson process[J]. Chinese Journal of Mechanical Engineering,2009,22(4):535-541.

[131] 明志茂.动态分布参数的 Bayes 可靠性综合试验与评估方法研究[D].长沙:国防科技大学,2009.

[132] 明志茂,张云安,陶俊勇,等.基于新 Dirichlet 先验分布的超参数确定方法研究[J].宇航学报,2008,29(6):2062-2067.

[133] DOD. Testabillity for system and equipments:MIL-STD-2165A[S].[S.l.:s.n.],1993.

[134] 樊会涛,张同贺.型号研制十二准则[J].系统工程与电子技术,2012,34(12):2485-2491.

[135] 中国人民解放军总装备部.故障模式、影响及危害性分析指南:GJB/Z 1391—2006[S].北京:总装备部军标出版发行部,2006.

[136] 国防科学技术工业委员会.修理级别分析:GJB 2961—1997[S].北京:国防科工委军标出版发行部,1997.

[137] 国防科学技术工业委员会.产品层次、产品互换性、样机及有关术语:GJB 431—1988[S].北京:国防科工委军标出版发行部,1988.

[138] 石君友,康锐,田仲.基于信息模型的测试性试验样本集充分性研究[J].北京航空航天大学学报,2005,31(8):874-878.

[139] 石君友,王璐,李海伟,等.基于设计特性覆盖的测试性定量分析方法[J].系统工程与电子技术,2012,34(2):418-423.

[140] 邓露,许爱强,李文海,等.基于关联模型的故障样本集覆盖性定量评价方法[J].计算机测量与控制,2014,22(1):28-30.

[141] 马俊涛,薛周成,孟亚峰.××型中高空目标指示雷达构造与维修[M].北京:国防工业出版社,2010.

[142] 石君友,龚晶晶.BIT 综合表示模型研究[J].航空学报,2010,31(7):1475-1480.

[143] 田仲.BIT 对可靠性和维修性影响分析[J].飞行试验,2000,16(2):7-11.

[144] 韩坤,何成铭,刘维维,等. 以系统效能为目标的装甲车辆可靠性、维修性、保障性和测试性权衡分析[J]. 兵工学报,2014,35(2):268-272.

[145] 刘君,李庆民,张志华. Bayes 小子样分析在武器性能评估中的应用[J]. 兵工学报,2008,29(9):1114-1117.

[146] 张玉柱,曹世民,胡自伟,等. 调整型抽样检验系统理论与应用[M]. 北京:国防工业出版社,2005.

[147] 张玉柱. 调整型抽样检验系统理论与应用[M]. 北京:国防工业出版社,2005.

[148] 茆诗松,汤银才. 贝叶斯统计[M]. 2 版. 北京:中国统计出版社,2012.

[149] 韦来生,张伟平. 贝叶斯分析[M]. 合肥:中国科学技术大学出版社,2013.

[150] 张金槐,唐雪梅. Bayes 方法[M]. 长沙:国防科技大学出版社,1993.

[151] 唐见兵,查亚兵. 作战仿真系统校核、验证与确认及可信度评估[M]. 北京:国防工业出版社,2013.

[152] 张金槐,张士峰. 验前大容量仿真信息“淹没”现场小子样试验信息问题[J]. 飞行器测控学报,2003,22(3):1-6.

[153] 张士峰,蔡洪. Bayes 分析中的多源信息融合问题[J]. 系统仿真学报,2000,12(1):54-57.

[154] 李庆民,刘君,张志华. 武器系统仿真模型的可信性验证方法研究[J]. 系统仿真学报,2006,18(12):3380-3382.

[155] 金振中,向杨蕊. 武器系统仿真结果可信性分析及其应用[J]. 系统仿真学报,2009,21(12):3599-3602.

[156] 段晓君,黄寒砚. 基于信息散度的补充样本加权融合评估[J]. 兵工学报,2007,28(10):1276-1280.

[157] 黄寒砚,段晓君,王正明. 考虑先验信息可信度的后验加权 Bayes 估计[J]. 航空学报,2008,29(5):1245-1251.

[158] 冯志刚,李静,高普云,等. 贝塔分布在数据转换中的应用及其优化分布参数确定[J]. 机械强度,2011,33(4):554-557.

[159] 茆诗松. 统计手册[M]. 北京:科学出版社,2003.

[160] MAZZUCHI T A, SOYER R. Reliability assessment and prediction during product development[C]//Annual Reliability and Maintainability Symposium 1992 Proceedings, January 21-23,1992,Las Vegas,USA. IEEE,1992:468-474.

[161] MAZZUCHI T A, SOYER R. A Bayes method for assessing product-reliability during development testing[J]. IEEE Transactions on Reliability,1993,42(3):503-510.

[162] LI G Y,WU Q G,ZHAO Y H. On Bayesian analysis of binomial reliability growth[J].

Journal of the Japan Statistical Society,2002,32 (1):1-4.
[163] 吴启光,李国英,赵勇辉.用于指数可靠性增长模型的一类新的先验分布[J].数学物理学报,2003,23A (4):474-484.
[164] 王立兵.雷达装备固有测试性验证方法研究[D].石家庄:军械工程学院,2008.